和伽利略
一起游太空

[德]尤尔根·泰希曼　著

[德]哈贾·维纳　绘

万迎朗　王　萍　译

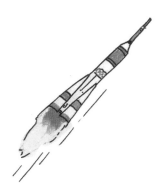

21　二十一世纪出版社集团
21st Century Publishing Group

图书在版编目（CIP）数据

和伽利略一起游太空 / (德)尤尔根·泰希曼著 ;(德)哈贾·维纳绘；万迎朗，王萍译. -- 南昌：二十一世纪出版社集团, 2023.8
（"奇思妙想大科学"系列）
ISBN 978-7-5568-7730-0

Ⅰ.①和… Ⅱ.①尤… ②哈… ③万… ④王… Ⅲ.①宇宙–青少年读物 Ⅳ.① P159-49

中国国家版本馆 CIP 数据核字 (2023) 第 156066 号

Die überaus fantastische Reise zum Urknall. Astronomie von Galilei bis zur Entdeckung der Schwarzen Löcher
written by Jürgen Teichmann and illustrated by Katja Wehner
©2009 by Arena Verlag GmbH, Würzburg, Germany.
www.arena-verlag.de
Chinese language edition arranged through HERCULES Business & Culture GmbH, Germany
版权合同登记号：14-2019-0242

审订 中国科学院紫金山天文台科普部 张旸

奇思妙想大科学

HE JIALILUE YIQI YOU TAIKONG

和伽利略一起游太空

[德]尤尔根·泰希曼/著
[德]哈贾·维纳/绘
万迎朗　王萍/译

出 版 人	刘凯军		
责任编辑	魏　霞		
特约编辑	梅　竹		
美术编辑	赵　倩		
出版发行	二十一世纪出版社集团（江西省南昌市子安路75号　330025）		
网　　址	www.21cccc.com　cc21@163.net		
经　　销	全国各地书店	印　张	6.125
开　　本	889 mm×1300 mm　1/32	印　数	1~5000册
字　　数	102千字	版　次	2023年8月第1版
书　　号	ISBN 978-7-5568-7730-0	印　次	2023年8月第1次印刷
印　　刷	北京顶佳世纪印刷有限公司	定　价	39.50元

赣版权登字-04-2023-575　　　　　版权所有，侵权必究

目录

400多年前的发现之旅

1609年，一扇全新的大门被悄悄地打开了——著名意大利物理学家伽利略·伽利莱用刚刚制作的望远镜看到了月球上的山脉，随后又看到了木星及周围的4颗小卫星。由此，人们才知道，银河里流淌的原来不是乳白的迷雾，而是一片巨大的恒星海洋。望远镜中还展现出了其他一些令人难以置信的东西。一场人类通往浩瀚太空的精彩旅程就此开启！为纪念伽利略首次用望远镜进行天文观测400年，国际天文学联合会和联合国教育、科学及文化组织，将2009年定为国际天文年。

自伽利略开启天文观测后的400多年里，人类还有许多激动人心的天文发现：新行星、变星、脉冲星、黑洞……本书讲述了这些发现背后最引人入胜的故事。同时，本书还特别设置了一些小栏目，引导读者思考，并提供各种实验小技巧，例如教大家用自己的望远镜做一次小型科学实验。

如果你想了解更多这方面的知识，我推荐你去参观德意志博物馆的大型展览——"天文学"。它是世界上最大的天文学主题展览之一，展示了自伽利略以来人们所发现的宇宙！里面有一座天文台、一台天象仪和大量科学演示。在那里，你可以通过小型望远镜来观测太空，可以看到旋转的双星和中子星，甚至可以称一称自己在不同行星上的体重……

尤尔根·泰希曼教授

01

现代天文学的
第一位超级明星：
伽利略·伽利莱

伽利略·伽利莱（1564—1642）

伽利略·伽利莱无疑是近代天文学界的第一位超级明星，也是我们宇宙发现之旅的领路人。事实上，比起天文学，他对物理学更感兴趣，成就也更大。例如，他发现了石头落地和炮弹飞行的数学定律。1609年，就在暂时放下物理学的一段时间里，他用新望远镜窥见了天空中前人从未见过的不可思议的东西，甚至包括像海王星这类多年以后才真正被发现的事物。不过，当时伽利略认为它只是天幕里密密麻麻的恒星中的一颗，压根儿没放在心上。直到200多年以后，海王星才被定义为一颗行星。

对于第一位观察者来说，望远镜里呈现出的东西实在让人应接不暇：恒星的数量远不止我们用肉眼看到的5000颗左右，而是其100到1000倍——天空简直是一片浩渺无边、令人眼花缭乱的恒星海洋。人们根本无法立即判断出某个光点是否在数千个其他光点之间移动。唯有借助精度更高的望远镜才能将遥远的行星和恒星区别开来：前者日复一日，或者说夜以继日地

行星"planet"一词源于希腊语,意思是"流浪者"或"流浪的星星"。行星并非固定在恒星之间,而在不停地绕着恒星旋转,它们能通过引力清空轨道附近的碎物。围绕太阳旋转的八大行星是:水星、金星、地球、火星、木星、土星,天王星和海王星。此外,在太阳、火星和木星周围还有许多移动的小天体,它们被称为小行星。海王星一侧还有一些质量很大的矮行星[①],例如冥王星,在 2006 年前,它还被定义为一颗大行星。这一切都是伽利略当时用简陋的望远镜看不到的。

太空中许多小行星的直径只有几千米

恒星,也被称为"固定的星星",意味着在地球自转一周之后,它们永远都会再次出现在天空中的同一个地方。由于它们离我们太远,我们很难或者根本看不到它们的运动。它们像太阳一样,自身能发出光和热,而我们的地球只是恰好被太阳的光照亮。直到 20 世纪末,我们才知道这些遥远的恒星周围也有其他行星环绕。

---

① 《辞海》:矮行星,太阳系中的天体,环绕太阳运行,它不能像行星一样,清空轨道附近的碎物。

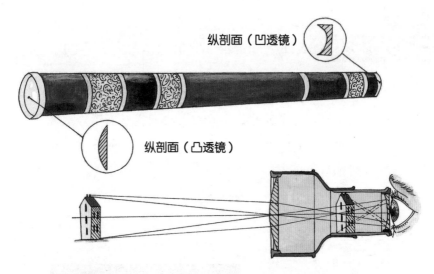

纵剖面（凹透镜）

纵剖面（凸透镜）

伽利略望远镜（上），它和现代歌剧院中使用的望远镜（下图）的工作原理完全一样

围绕恒星缓慢移动。

　　1609年夏天，彼时的伽利略已经在威尼斯的帕多瓦大学担任年聘教授。一天，他偶然听一个荷兰水手说，他们国家有人发明了一根可以放大远处物体的"魔杖"。伽利略嗅到商机，没过几天，他就摸索出制作魔杖的诀窍：这是一根由金属制成的长管子；前端有一个略微向外凸出的玻璃镜片；后端，也就是放置在眼睛前面的那端，是一个向内凹，且曲度更大的镜片。结构异常简单，但效果令人咋舌！他立即向威尼斯共和国的官员们演示了这绝妙的装置。

那一天，包括最年长议员在内的所有人都和伽利略一起登上位于市中心的马克斯塔，并通过望远镜向海上张望。他们看到远远近近的船只在管子里上下跳动。一旦他们放下长管子，遥远的船只踪影全无。他们甚至得等上两小时，望远镜中曾出现过的船只才能近到用肉眼勉强可见。起初，根本没人相信这充满魔力的管子里看到的东西是真实存在的。大家执着地在塔上等了很久。可是，船只真的来了！人们立刻意识到，这是多么了不起的发明啊：一旦有外敌入侵，提前两个小时就能预警！

伽利略也获得了丰厚的回报——工资立马翻番，并被聘为终身教授。但是，他无论如何也不能向任何人透露神奇管子的制作奥秘——威尼斯政府想要私藏这个宝贝，其他地方决不能拥有伽利略所制的这样精良的望远镜。

它确实比

荷兰货好得多，尽管后者已然成了整个欧洲的畅销品。在玻璃制品打磨上，威尼斯本就有着悠久的传统和丰富的经验。尽管伽利略还是一位优秀的乐器制造家，但他想弄来特别透明的玻璃做望远镜镜片也并非易事。伽利略制作望远镜的消息不胫而走。很快，贵族和富人们都开始觊觎这根神奇的魔杖——却并非用来观察星空，天文学当时还是一片空白！对于人们来说，

用这根魔杖来放大，观察地球上的事物，已经够实用、够神奇的了。

就算伽利略本人，在最初的几个月里也没有顾得上仰望天空——第一，望远镜订购单已经让他手忙脚乱；第二，天上有什么可看的呢？天上的星星遥不可及，即使在30倍放大率的望远镜下看到的还是一个个光点，即便水星、金星、火星、木星和土星这样的行星也是如此。银河中流淌着乳白色的雾，仅此而已。另一方面，太阳看起来均匀明亮，用望远镜根本无法观察到小斑点。只有月亮不一样，伽利略用望远镜清楚地看到月亮上是明暗相间的！在他之前，也有人做过尝试，想要观察月亮，但是没有人像伽利略一样观察到这种令人心潮澎湃的画面。1609年晚秋，将望远镜对准天空后，他甚至对之前浪费的光阴

感到万分懊恼：这是一个多么不可思议的世界啊！他竟然耽误了好几个月！

伽利略透过望远镜看到的月球环形山

首先，在明亮的新月牙儿和暗影区域之间，他看到的不是明显平滑的阴影边界，而是有着很多向左或向右凸起的转折的界线。此外，在黑暗区域，靠近光亮的地方也有一点点的光斑。这一画面让他冥思苦想了好几天。突然，他茅塞顿开：月亮上肯定有投下锯齿状阴影的高山。当太阳落山时，所有山谷都陷入一片黑暗，只有高耸的山峰，如阿尔卑斯山那样高才能脱颖而出，即使山谷被一团漆黑笼罩，山顶依旧闪着金灿灿的光芒。

简直难以置信！因为从古希腊时期开始，所有科学家都认为月亮和其他任何发光的天体都是由特殊的"天体材料"构成，表面光滑无比，与由石头、水、空气和火构成的地球不同。现在，这个天体上竟然有山！所谓"天体材料"可能并不存在？月亮和地球一样，也是由泥土构成？月球表面大块的面积可能是海洋吗？

伽利略想调查木星、金星和其他行星上是否有山，于是他先把望远镜对准木星。在1610年1月初的夜空中，这个天体闪伽利略弄错了,月球上没有海洋。据我们所知,月球上没有一滴液体。但是,21世纪初的太空探测者们在月球和火星上发现了一些水冰。

闪发亮。星空中只有金星比它更明亮。可惜,伽利略在木星上根本没有发现山的踪迹,毕竟,他的望远镜太简陋了。就算很久以后,我们用更先进的望远镜也无法看清木星表面,因为巨型风暴旋涡和此起彼伏的厚重云层将其包裹得严严实实。此外,木星作为一颗气体行星,压根儿没有坚实的表面。

伽利略认为自己在月球上看到了海洋

但伽利略的确发现了其他东西——木星周围的4个光点,排成了一串略带锯齿状的珠链。这串珠链的排列位置每天都有所不同,但总有4个光点。如果他盯住其中一个光点单独观察,会发现一段时间后它又回到了起点。伽利略很快就找到答案:亮点是卫星,在围绕木星旋转,就像月亮环绕地球一样(按一定轨道围绕行星运行,本身不能发光的天体,我们称之为"卫星”）。因为卫星的数目正好有4个，他便恭恭敬敬地将关于星星的消息，写在小书《星际信使》中呈递给佛罗伦萨的大公科西莫。他的做法颇有心机，就好像这本书专为来自著名美蒂奇家族的大公科西莫和他的三个兄弟而写，并将4个亮点命名为"美蒂奇之星"。于是，美蒂奇四兄弟在空中围绕着希腊至高天神朱庇特——木星旋转。

木星有4颗卫星！

　　这个绝妙的奉承为日后埋下了伏笔。因为伽利略动了离开帕多瓦大学，带着自己的发明离开威尼斯共和国，前往佛罗伦萨的念头。果真，1610年秋天，大公科西莫邀请伽利略担任佛罗伦萨的宫廷学者。在这里，他无须劳神费力教导学生，可以潜心做科研，这正合他的心意。

　　但伽利略发现的远远不止这些。从银河中分辨出星星也变

你知道吗?

这4颗美蒂奇之星是木星诸多卫星中最大的4颗,今天它们以其发现者的名字来命名,被称为"伽利略卫星"。我们用双筒望远镜就能清楚地观测到它们。

得简单。只需将望远镜对准银河,牛乳般流淌的银河便变成了群星之海。在美丽的猎户座,伽利略发现的恒星数量比用肉眼看到的多100倍。然而,即使是其中最亮的已知恒星,在望远镜中仍然只是一个小光点。而木星就不一样了,望远镜中可以看到它由光点变成一小片光亮。反之,那些依旧保持为小光点的恒星,应该距离我们非常非常遥远。

最后,伽利略还观察了太阳。伽利略在这颗如此美丽的恒星上发现了黑斑。举世震惊!如此光彩耀目的太阳上居然有黑点?难以想象。顺便说一下,在伽利略之前已经有人注意到这一点,但伽利略是正确解释黑斑的第一人——黑斑的的确确就在太阳上面,而其他发现者则认为黑斑是围绕在太阳周围的黑暗小行星。

伽利略希望在天空中找到能证明地球自转的证据:每天绕轴自转一周,每年绕太阳公转一周。这是他由衷钦佩的偶像、

伽利略将阳光投射到一张白纸上

你知道吗？

其实，太阳黑子只存在于太阳上约3500摄氏度的区域，而不是那些约5500摄氏度的灼热亮眼区域。只是因为有对比，所以它们看上去较黑。事实上，它们本身也非常明亮。

天文学家尼古拉斯·哥白尼宣称的。伽利略对此深信不疑，但不敢公之于众，因为教会极力扼杀这个观点。在《圣经·旧约》中记载着，上帝能使太阳在山谷上空静止不动。如果上帝

能奇迹般地将太阳停住，那么应该是太阳，而不是地球在运转。科学界也有一些异议，例如：既然地球和其他行星都围绕太阳旋转，为什么只有月球围绕地球转？是特例吗？那么现在，伽利略成功地发现木星也有卫星。看来，围绕地球转的月球也并非特例。

通过望远镜，伽利略还有另一个重要的发现。金星有时状似镰刀，有时如同半月，有时还非常小，却呈现出几乎完整的圆形。它总在太阳附近：日落时分，紧随着太阳之后落山；而早上则成了启明星，总在太阳升起前不久升起。伽利略之前，人们认为太阳带着金星一起围绕地球旋转，而且在旋转时，金星时而在左，时而在右，但绝不会躲在太阳后面，永远在太阳

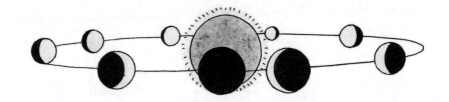

金星有时看起来更近、更大，像一把镰刀，有时则又远又小，呈现出完整的圆形。所以，它肯定绕着太阳旋转

和我们之间。那为什么它在伽利略的望远镜里却会呈现出近乎完整的圆形呢？旧理论难以解释这一现象。那么金星必定环绕太阳旋转，只有这样，你才能看到它有时会被完全照亮。在望远镜里这一切一目了然。是的，金星作为一颗行星围绕太阳旋转，那地球又为什么不会围绕太阳旋转呢？

当然，这并非地球自转的有力佐证。当伽利略20年后大声

 **试一试**　　**我们什么时候才能看到一个全黑的物体？**

1. 它必须被光源照射。

2. 光不被其表面吞噬，而是反射回我们的眼睛里。

你可以拿一个乒乓球，把它放在一盏明亮的灯前。此时你能看到，球显得很黑。因为灯照亮了它，但只照亮了它的背面。从背面反射出来的光线并没有进入我们的眼睛。

然后你拿着乒乓球，让球慢慢绕着灯走，直到它消失在灯后面。你将清楚地看到球面向灯的部分开始变亮。首先，你看到的是狭窄的镰刀形的光亮，然后球的一半都亮了，最后，就在它即将彻底消失在灯后面之前，你看到它几乎完全被照亮。这就是伽利略观察金星时看到的，因此他得出了金星围绕太阳旋转这一结论。

? 小问题 |

在地球上，我们能看见满月。但是地球、太阳和月亮之间的位置不同于地球、太阳和金星。具体是怎样的呢？

地说出"哥白尼是对的"时，他的嘴很快被堵住了。但伽利略也不是完全被冤枉的，因为他用了一个蹩脚的理由进行解释：潮起潮落证明了地球每天都在自转，并每年都在围绕太阳公转。他说，人们在船上就能观察到类似涨潮和落潮的现象——威尼斯运河的通用交通工具就是船只，大家都可以看到，装在罐子里被运送到城里来的饮用淡水在船上来回荡漾的样子，这是水受到船只移动方式的影响。因此，类似这种情况，海洋也是因为地球的自转和公转来回荡漾，而形成了涨潮和落潮。今天，我们知道事实并非如此：潮汐主要是月球和太阳对海水的引力变化造成的。

人们压根儿不允许伽利略进行无论赞成还是反对的理性探讨，人们认为"日心说"违背了上帝，是异端邪说。他们随即用酷刑威胁伽利略，逼他撤回观点，禁止他的著作流传并将他终生软禁。从教会的角度来看，这一切似乎合情合理，甚至可以说，伽利略已然非常幸运。其他向教会散布过"可恶"言论的人，如僧侣乔尔丹诺·布鲁诺，就被公开施以火刑。

你知道吗？ 相传，当宗教裁判所宣判伽利略必须收回"日心说"时，他嘴里嘟囔着"它就是在运动嘛！"然后被带离了大厅。我们无从得知当时的真实情形，但他内心必定是波澜起伏的！

尽管伽利略的发现都很了不起，但他犯的错误还不只对潮涨潮落的解释，比如，他像古希腊人一样认为彗星是地球的尘埃。1609年，也就是伽利略观察星空的第一年，德国数学家约翰内斯·开普勒就写了一本关于行星轨道的巨著。离谱的是，伽利略视开普勒的行星沿椭圆轨道运动的理论为胡思乱想，虽然这一伟大理论很快就对引力理论产生了极大作用。

无论如何，伽利略依然被看作是近代天文学的领路人。他用望远镜打开了一扇通往太空的大门。而在他之前，人们只是用肉眼透过门缝儿向外窥探。

你知道吗？

从 1990 年开始，太空观测站装备在伦琴（ROSAT）上的 X 射线望远镜，对太空进行了观测，接收到多达 20 万个天体发射的 X 射线。在此之前，人们只知道有 5000 个 X 射线源天体。现在，我们还可以研究来自宇宙的其他辐射，如红外线、紫外线、无线电波，甚至危险的 γ 射线。

02

为什么行星不会
掉进太阳里？

艾萨克·牛顿（1643—1727）

为什么所有被往上抛的重物都会重新落到地上？在1687年艾萨克·牛顿出版巨著《自然哲学的数学原理》之前，2000多年来人们都是这样解释的：因为一切重物自然要回到地球，即世界的中心。重物都不太想移动，可以在世界中心完全静止，那是它们"自在"之处，它们的家，就像我们的自在之处也是家一样。于是，就像一条狗、一只猫，甚至我们自己一样，每一块石头"头脑中"也会有家的归属感，总会回家。

相反，轻的物体，如气体和火，只是想远离世界的中心向上升，因为那里是它们的自在之处。根据这一理论，恒星和行星等天体的自在之处是遥远的天空。它们甚至可以用极快的

石头也想回到地球上的家吗？

在哥白尼和牛顿之前，大众的世界观是这样的：中间最重的是土元素，外面是水，再外面是空气圈和天气圈，然后是火圈，最后是拥有太阳、月亮和星星的天空

速度绕着地球打转，因为它们根本不是由地球上的物质构成的，既不是土或水，也不是气或火。天体应该是由非常轻的"空间物质"构成。

可哥白尼、伽利略、开普勒等人把太阳置于世界中心，认为地球绕着太阳旋转。那他们怎么解释地球既然已不再是世界中心，为什么抛出去的石头、木头和铁块都落回到地球上？这些先生们的解释也毫无新意：因为地球上所有重物都希望紧密团结在家乡周围。

约翰内斯·开普勒（1571—1630）

　　如果像哥白尼所声称的那样，金星或火星都和地球一样，是围绕着太阳旋转的行星，那它们肯定也很重。这就使"空间物质"学说寿终正寝了。那么金星和火星上的重物呢？它们和金星或火星紧密结合在一起。如果太阳位于宇宙中心，质量非常大，太阳周围的行星可以比作地面上的岩石——但肯定比岩石重得多，而且距离太阳很远。但是，如果所有行星都很重，它们为什么绕着太阳运行，而不是落在它上面呢？

　　哥白尼和伽利略没有思考过这个问题。伽利略认为圆周运动是天空中最简单的运动：行星自发围绕太阳旋转，不需要外力强迫它这样做。

　　德国人开普勒是第一个真正为这个问题冥思苦想的人。他在1609年先用两则定律证明火星并不是简单地绕圆圈，而是在围绕太阳的椭圆轨道上移动——当它接近太阳时，移动更快，当它距离太阳更远时，速度变慢。这一定律也适用于其他行星，但他当时无法直接证明这一点。而今天，人们根据开普勒定律能在任何时候准确计算出每颗行星在天空中的位置。

10年后，开普勒补充了第三定律。你可以用它计算出两颗行星中更远的一颗围绕太阳运转需要多长时间。直到今天，人们在天文学上仍然用开普勒定律加上牛顿的万有引力定律计算很多数据，比如银河系黑洞的质量有多大。开普勒还声称，太阳里也蕴含着一种类似于磁力的力量。

试一试 你可以在网上买到便宜但磁力强的小磁铁。在桌面或书籍封面下用这种磁铁绕圈，放在上面的小铁钉或其他小铁件都会被吸着乖乖移动。

就像磁铁吸引小铁钉一样，太阳在绕轴自转的同时，带着其他行星围绕自己旋转，这是事实。但太阳不是普通磁铁，因为如果磁铁和钉子之间没有隔着桌面，磁铁会直接把钉子吸附过来。太阳对行星就不会这样。行星始终保持在椭圆轨道上。相反，我们地球的引力将重物直接向下拉，而不是让其围绕在地球周围。

人们绘制椭圆的方法：连线要长于两个固定点之间的距离，并且让连线始终保持绷紧的状态

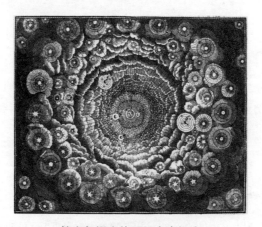

笛卡尔提出的无限宇宙概念

开普勒因此认为，将所有东西往下拉的引力与太阳让行星在弧线上运动的引力必定不同。而哲学家和博物学家勒内·笛卡尔认为，在太阳周围的每一处空间，都存在着无形的旋涡，正如地球上可见的水漩涡让周围的一切旋转一样。

由于地球的吸引而使物体受到的力叫作重力。地球附近的所有物体都受到重力的作用，重力让我们的身体变得沉重。如果重力不存在，物体（沉重的横梁、食物，当然包括我们自己）都会像在空间站里一样，不断在我们周围盘旋。我们不得不像宇航员一样，把自己固定在某个地方，才能好好地做一些事情。其实，没有重力，我们的身体会更加轻松，但生活却未必会更加轻松。

英国天才数学家和物理学家艾萨克·牛顿发现了巨大的太阳对行星的引力，以及对地球的引力。根据他的理论，所有物体都相互吸引；它们质量越大，靠得越近，对彼此的引力就越强。因此，和相对较小、较轻的东西相比，质量大的东西具有更强的吸引力；它们将所有较轻的东西都吸附到自己身上，就像地球对所有更轻的石头一样。

观点形成之后，如何才能证明它是成立的？牛顿说，如果他能证明地球对于石头的引力和地球对于月球的引力一样，那么引力就普遍存在于天体之间，包括太阳和行星之间。他提出，引力随着自身质量增加而增加。如果质量变成两倍，那么引力也会变成两倍。然而，随着距离变远，它的引力则呈平方变小，因此在双倍距离时，引力减小为 $\frac{1}{2} \times \frac{1}{2} = \frac{1}{4}$；在3倍距离时，引力减小为 $\frac{1}{3} \times \frac{1}{3} = \frac{1}{9}$。这就是牛顿著名的万有引力定律。

你知道吗？
正方形的面积计算方式为边长（A）乘边长（A），写起来是 A^2，我们称之为边长的2次方或边长的平方。一个数与它本身相乘，叫作这个数的平方。

物体质量越大，产生的引力就越强，这不难理解。可距离的平方这个概念就复杂了。为什么引力呈平方递减？牛顿从开普勒的第三定律中得出了结论，他终于找到一个聪明的解决方案来解释石头掉落和月亮轨道的问题——和地球表面上的任何一块石头到地心的距离相比，月球到地心的距离约是其60倍。现在牛顿必须证明，地球和月球之间的引力比地球和石头之间的引力缩小了 $\frac{1}{3600}$（这一点从伽利略的自由落体定律中得知）。然后，就能肯定这个引力和将石头吸引回地球表面的力是同一种。

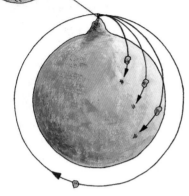

有人说："可是月亮不会落下来！""会的。"牛顿反驳，"月亮正在落下，但下落的形式是绕着地球绕圈。如果我在高塔上扔出一块很小的石头，它会先向前飞出一段距离，很快几乎垂直于地面落下。如果我以更快的速度向水平方向掷出石头，它会在地球表面上多飞行一阵，但最终还是落下。

如果把石头扔得足够快，且没有空气阻力，那么这块石头可以永远围绕地球旋转

如果我现在用超过7.9千米/秒的速度（也称第一宇宙速度）发射它，它就能像月球一样围绕着地球运行，当然，这是在没有空气、塔楼或山脉减缓其速度的情况下。地球上有空气，但太空中没有，也就不会减缓石头或者月球运行的速度了。"

你知道吗？

在一片虚空的宇宙中会发生什么？

1. 因为没有空气，你根本无法呼吸。

2. 几秒钟后，你周身的血液可能会开始沸腾。太空大

气压力小，水的沸点降至与人的体温相同的温度。

3. 你可能会冻僵，因为温度低至 −270.15 摄氏度（如果没有让温度变高的太阳在附近），没有比那更冷的情况了。

4. 你看起来是在失重状态下飘浮，但会极其缓慢地被远处的太阳或其他行星微弱的引力吸引。

倘若地球不存在，石头将永远飞行。月球也是如此，正如我们在磨刀石上看到的火花那样，它们如此轻盈，以至于引力很难

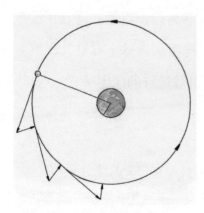

月亮想直接飞向前方，但是重力不断地将它缓慢拉向地面

将它们拉回。这种"想直接飞出去"的运动我们称为离心运动。我们在日常生活中经常会感受到这种运动。比如当我们骑旋转木马时，一旦旋转起来，所有椅子都有向外的运动的趋势。当我们坐在转弯的汽车中时，我们的身体也会向处甩去。

对月球而言，地球在拉扯它。如果不是地球把它拽住，月亮早就直接飞走了。这种力从某种程度上来说，和让石头落地的力是一样的。是引力让月球保持在轨道上，既不会落到地球上，也不会飞向太空，而是不断地围绕地球运行。

牛顿可以用他的计算证明，一块石头受到的引力和所有天体彼此之间的引力，是同一种力。宇宙中的每个物质，就算是一只章鱼，也同样具有吸引其他物质的引力。不过章鱼产生的引力相对较弱，不然我们甚至无法从地上捡起一个苹果。我们可以轻松捡起苹果，哪怕苹果被巨大的地球吸引。

与此同时，引力能将我们的地球和其他行星固定在绕太阳运行的轨道上，就像月球被固定在绕地球运行的轨道上一样。利用万有引力定律，牛顿还能计算出行星的椭圆轨道。他的朋友埃德蒙德·哈雷甚至计算出一颗彗星的椭圆轨道。这又带来了一个令人欢欣鼓舞的全新发现，即彗星可以不断回归。此彗星绕太阳转一圈需要大约76年。几个世纪以来，它一次又一次地重返人类的视线，起初谁也没有意识到看到的始终是同一颗

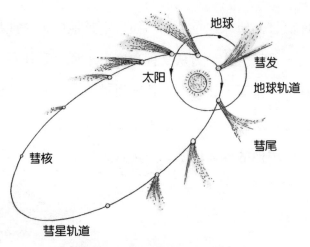

地球

彗发

太阳

地球轨道

彗尾

彗核

彗星轨道

哈雷彗星围绕太阳运行的轨迹

彗星。今天，它被称为哈雷彗星。

你知道吗？ **什么是彗星？**

　　彗星是绕太阳运行的一种小天体，内核多由冰、岩石和尘埃组成，是个"脏雪球"。当彗星掠过太阳附近时，彗核物质升华形成彗星最明亮的部分彗发，受到太阳辐射和太阳风的作用，形成了长长的彗尾。

　　彗星在宇宙中数量极大，但我们能观测到的十分有限。有的彗星能定期回到太阳身边，有的彗星终生只能接近太阳一次，便消失在茫茫宇宙中。

2007年初，人们甚至可以在日间看到麦克诺特彗星

无论过去还是未来，人们一直可以用牛顿万有引力定律和开普勒定律来准确回溯和预测各种天体运动。只要你有兴趣，就可以推算出在公元前10140年的6月22日，太阳、月亮和地球是否排成一列并出现日食！除此之外，火箭或太空探测器的轨道也完全遵循万有引力定律。

 **小问题 2**　在高山上人的体重会比在山谷里更轻吗？

03

巨型望远镜、新行星和不可见辐射

谁承想，一位小提琴和双簧管演奏者可以制作出那个时代最好的望远镜，并且随即用它发现了一颗新行星！当其他进入暮年的人养花种草消磨时光时，这位61岁的前音乐家首次发现了来自太空的不可见辐射：太阳的红外线。

弗里德里希·威廉·赫歇尔（1738—1822）

他就是弗里德里希·威廉·赫歇尔。1756年，赫歇尔18岁时，普鲁士拉开了7年战争的序幕。赫歇尔，他的兄弟雅各布和父亲作为军乐手，也不得不置身于满是泥泞的、危险重重的行军队列中。兄弟俩最终逃往英国。

雅各布很快又回到了家乡，但赫歇尔则选择留在英国。他习得一口流利的英语，只自称为威廉。在这十年中，赫歇尔写交响乐，办音乐会。终于，他在英国首屈一指的疗养胜地巴斯赚够了钱，陆续把兄弟雅各布、迪特里希、亚历山大以及妹妹卡罗琳接到英国。在赫歇尔的所有研究过程中，妹妹卡罗琳是其左膀右臂。

赫歇尔涉猎群书，主要是哲学和科学书籍。自伽利略以来，通过望远镜在天文学上获得的伟大发现令他心向往之，他亲眼看一看。于是，威廉买了一架小型望远镜，与卡罗琳一起观测夜空并探讨。接着，他们开始研磨金属

赫歇尔兄弟逃往英国

质反射镜，把优质玻璃制成透镜，作为望远镜目镜。白天，威廉仍然是音乐家，卡罗琳是歌手；一旦夜幕降临，他们则变身为天文学家。只要夜空澄净，即使在冰冷的霜冻时节，他们也观察不辍。

1781年3月13日，赫歇尔又一次站在望远镜后面。在22点到23点之间，他在双子座中看到了一颗略大的星星。尽管200的放大倍率在当时已很了不起了，他还能把倍率从200倍调整到400倍。他发现这颗星星变得更大、更模糊，而它周围更遥不可及的恒星却还只是发光点，丝毫没有变大。是这颗模糊的

星星距离地球近得多吗？在接下来的几天里，赫歇尔确认了一点：它在缓慢移动。千真万确！那么它绝不可能是一颗恒星，而有可能是一颗慢速彗星。但是这颗彗星的尾巴在哪里？

当时欧洲大多数天文学家对这一发现不以为然。几个月之后，这颗奇怪"彗星"的轨道被赫歇尔计算出来了：轨道围绕太阳，但不是像其他彗星轨道那样呈长椭圆形，而是更接近正圆，约是地球运行轨道大小的19倍。这个发现一时间举世震惊！那是一颗行星！它绕太阳运行一圈需要84年。

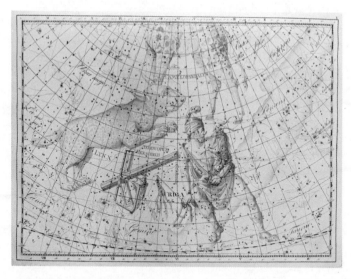

为了纪念赫歇尔，人们命名了一个新星座——反射望远镜座，场景就是赫歇尔用自己的反射望远镜发现了天王星。反射望远镜座在双子座、御夫座和天猫座之间，现在已经废除

在哥白尼之前，天文学家只知道5颗行星，它们是围绕固定恒星太阳运行的小光点：水星、金星、火星、木星和土星。直到哥白尼把地球扔进了行星大锅里，那就有了6颗。现在突然变成了7颗！人们甚至都弄不清这位英国音乐家的大名。到底是赫特尔、赫彻儿、赫谢尔还是赫姆斯特？许多天文学家连连摇头，直到不得不接受这个事实——

一位自制望远镜的不知名的天文学爱好者将这一重大发现收入囊中。这颗星球被命名为天王星，在希腊传说中，它是土星之父①。

其实，在赫歇尔之前就有天文学家看见过这颗行星，毕竟小型望远镜就能轻易让其现身。但为什么在赫歇尔之前大家都和这一惊世发现擦肩而过呢？对于之前所有"急切的探索者"

---

① 根据西方以希腊罗马神话为行星命名的惯例，天王星被命名为乌拉诺斯（Uranus），是古希腊神话中的天空之神；土星被命名为萨杜恩(Saturn)，是乌拉诺斯之子农神克洛诺斯（Cronus）的罗马名。

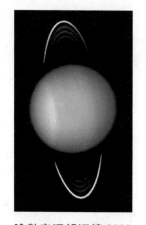

哈勃空间望远镜2003
年拍摄的天王星

来说，天王星和其他星星并无不同。它在几个月后，突然从他们眼前消失，他们至多感到有些纳闷儿，却并没有意识到它溜走了。他们的望远镜也不如赫歇尔的那么精良，后者放大倍率达到400倍，甚至更高。只有在这种情况下，这颗星星才会成为一个模糊的、静静发光的小圆片，而不仅仅是一个闪烁的光点。

 **你知道吗？**

夜空中，为什么恒星始终闪烁，而行星不闪烁呢？

地球周围大气层中的气体始终在风或热的驱动下抖动。恒星的光到达大气层，受到这种抖动的影响，所以我们在地球上看过去，恒星好像在闪烁。为什么只有恒星在闪烁，而行星不闪烁呢？那是因为恒星距离我们非常遥远，即使是在大倍率望远镜中，它们仍然只是光点。相反，行星离我

们近得多，它们看上去像是小圆片，行星离地球近一些，他们的光线不会因为大气层而弯曲太多，所以在我们看来，行星好像是在平静地发着光。

小问题 3 白天，人们在哪里有时也能看到抖动的空气?

赫歇尔一举成名天下知。英国国王任命他为宫廷天文学家，并任命他的妹妹为助理。从此，他大可以把他音乐家的营生抛之脑后了，反正，他在音乐上也没有亨德尔或莫扎特那样的天赋。赫歇尔的望远镜闻名遐迩，向国王和贵族们都卖出了好价钱。如果我们将他的收入转换成现在的欧元，那么他至少顶上好几个百万富翁。

随着年纪越来越大，功能名就的赫歇尔本可以退休，但他仍然闲不住，一头扎进黢黑的夜空，发现了更多的秘密。例如，他发现双星是两颗绕着共同的中心，在相互围绕的轨道上运行的恒星，而不仅仅是观测时凑巧看到的并排的两颗星星；他还观测到了银河系中的大量恒星和星云，推测银河是一个扁盘状

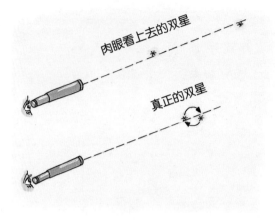

肉眼看上去的双星

真正的双星

的恒星系流，并绘制了人类一张银河系图。

1788年，一颗地球上的"星星"令50岁的赫歇尔心荡神驰。这颗"星星"就是玛丽·皮特——一位家境殷实的年轻寡妇。他迅速同她成婚，独子约翰日后也成了和父亲齐名的天文学家。

赫歇尔的妹妹卡罗琳始终是他的得力助手。她还独立发现了新彗星，编制了星表，也成为被世人广泛认可的天文学家。

赫歇尔的望远镜是当时世界上最大的望远镜

"来吧，主教大人，我会向你展示通向天空的道路！"

他们一起建造了当时世界上最大的望远镜，直径超过1.2米，支架高约6层楼，可惜并不太实用。为了看一次望远镜，赫歇尔不得不登高，要想移动望远镜更是难上加难。但它依旧吸引了全世界的眼球。在它尚未被固定到支架上的时候，英国国王与教会首脑坎特伯雷大主教就一起参观，并爬过了直径1.22米的管道。

赫歇尔的小型望远镜仍然是他的"战马"：他用它们完成了几乎所有发现，直到61岁，他的新发现还层出不穷。他还曾经研究过，深色玻璃更便于人们观察炽热的太阳。但这仍有受伤的危险——阳光太炽烈，会让玻璃破碎，致人失明！不过今天，我们已经有专用的深色特制望远镜镜片，不用再担心这一问题。赫歇尔对一种现象觉得很诧异：在某些深色玻璃镜片后面，阳光变得非常微弱，但仍保有热度。而其他更浅色的玻璃，虽然能让更多阳光透过，但穿透的热量竟然很少。很多天文学家对此都没太在意。一位天文学家提出一个物理学的问题，而且压根儿没有指望他的物理学同事们来回答。但科学意味着，对任何出人意料的事物进一步调查研究。

赫歇尔琢磨，有没有一种可能，有特别的光线穿过深色玻璃时比穿过浅色玻璃留下的热量更高？他用温度计设计了一种巧妙的实验。事实上，太阳光中的红色光透过红色玻璃落在温度计上，让其10分钟内上升了6摄氏度以上；同样时间透过绿色玻璃的绿色光只让其上升了3摄氏度，紫色甚至只上升了2摄氏度。紧紧挨着玻璃旁放置的两支温度计，因为没有光线直接落下，没有任何变化。

透过哪种颜色的玻璃，留下的热量最多？

你知道吗？

因为红色玻璃会"吸收"掉阳光中除红光以外的所有光线，只有红色光线能够反射回我们的眼睛，所以它看上去才是红色。而蓝色的玻璃则是"吸收"除蓝色以外的所有颜色，所以只有蓝色反射回我们的眼睛，所以它看上去是蓝色。

日落之前，我们看到被太阳照射的红色或黄色花朵比蓝色花朵亮得多，为什么呢？

赫歇尔认为，红色光线温度更高，就像炽热的火焰！但后来，他得到了意料之外的大发现。赫歇尔透过玻璃棱镜将阳光分成红色等单色光带。他慢慢将光带靠近温度计，测试光带的温度。就在那一刻，他简直不敢相信自己的眼睛：在红色光带到达温度计之前，温度已然开始上升。他惊讶得停住了。光带距温度计明明还有1厘米！但是，温度仍不断上升：10分钟内超过6摄氏度，与之前强烈红光照射下上升的幅度一样。他仔细观察另两支放在一边的温度计。毫无温度升高的迹象！这究竟是怎么回事？

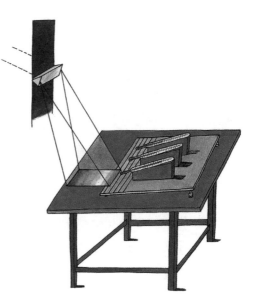

意料之外的伟大发现：太阳光里位于红光之外的无形光束

答案只有一个：肯定

有我们肉眼看不到的"幽灵光束"，而且是已知光光谱外的暖色光。它们在红色光谱的边缘，被称为红外线。不仅太阳，每个炉子，每台人工制造的白炽灯，每颗像太阳一样的恒星，每一片星云和每一片宇宙尘埃云也都会发出这样的光线。如果没有这些光线，我们直到今天都不会知道有一个比太阳质量大约400万倍的巨大黑洞，就隐藏在我们的银河系中心。

你知道吗？

宇宙中，温度没有低到绝对零度（-273.15摄氏度）的每一个物体都会发出红外线。也就是说，体温37摄氏度左右的人也会发出红外线。正因如此，即使在漆黑的夜里，夜视设备——红外线相机也能通过红外线捕捉到小偷的身影。同时它还可用来观察夜间活动的动物。

04

星星的密码

约瑟夫·夫琅禾费（1787—1826）

1801年，在慕尼黑市圣母教堂和玛利亚广场之间，玻璃工匠韦施博格的房子轰然倒塌。女师傅和学徒——14岁的约瑟夫·夫琅禾费被埋在了废墟里。巨大的声响吓坏了当地的居民。当扬尘和坍塌声渐渐平息后，警察、热心的路人开始聚集。里面的人还有救吗？突然，有人听到从残垣的一角传来了敲击声。显然，房子中还有没有彻底坍塌的部分。

"还有人活着！"消息很快就传开了。有人报告给了城堡中的巴伐利亚公爵马克斯·约瑟夫。他看到了赢得民心的大好机会，立即亲临可怕的事故现场。所有救援者都变得更加努力，他们清理石块，小心翼翼地抬起大梁，以免墙壁的角落再次坍塌。几小时以后，救援成功了：大家七手八脚地把年轻的学徒约瑟夫从瓦砾中拽了出来，他竟然毫发无损，而女师傅却被石头砸死了。如今，距离市中心的玛利亚广场仅20米的玻璃房子遗址上，一块青铜牌匾记录了这一令所有慕尼黑人动容的事件。在那上面，人们可以看到那位仿佛救星一般出现的王公，如何让年轻的约瑟夫劫后重生。当时，谁又料想得到，这位甚至没有上过学的学徒会成为19世纪最负盛名的望远镜制造家和科学家之一？他发现了一些全新的东西，而这些东西很快衍生出一门新科学——天体物理学，原子物理学和工业界都因此获益匪浅。

事件发生后的13年后，约瑟夫·夫琅禾费在慕尼黑附近的迪克波恩发现了太阳彩虹光谱中神秘的黑色光束。

慕尼黑的大型救援行动

牛顿是第一个用轻盈的光线做试验的人。这也许是他在对地球的、月球的和太阳的引力进行紧张的数学计算之余的一种调剂吧。不管怎样，他发现白色阳光可以通过玻璃棱镜被分解成神秘、美丽的彩虹颜色。

这种赤橙黄绿青蓝紫彩带般的光谱在当时，甚至到今天，看上去都一样奇妙。当阳光照射在闪闪发光的晶体（如钻石）上时，我们也会看到这样的彩虹色。阳光被分解成彩虹中的所有色彩。

你现在在哪里可以很容易地看到如此美丽的色彩？提示：它与音乐有关。

在牛顿做光的分解实验150年后，约瑟夫·夫琅禾费用更好的玻璃棱镜和更实用的望远镜来观察阳光。他本人是玻璃和镜片制造大师。1813年，在慕尼黑附近的迪克波恩，他建造了一座装置有大型熔炼炉、起重机和冷却烤箱的玻璃烧制工厂。那些炽热的熔化玻璃，在被均匀搅拌后必须以极其缓慢的速度来冷却，才不会因为内部张力而破碎。

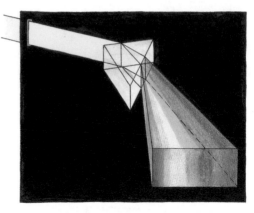

牛顿就是这样将阳光分解成彩虹色的

拥有大型熔炼炉的夫琅禾费玻璃厂

夫琅禾费当时熔化了重约250千克的玻璃砖。但只有约三分之一的玻璃砖能用于制作当时最好的玻璃镜片。在此之前，人们甚至不得不扔掉其中的90%！夫琅禾费当时从一块玻璃上切割、打磨、抛光的最大镜片直径约为25厘米。在我们今天看来，这似乎不值一提，要知道目前世界上最大的望远镜镜片直径超过500米！而且，因为直径数米的镜片会太过于沉重，大型望远镜不再使用单块玻璃镜片。然而在当时，夫琅禾费的望远镜是首屈一指的。望远镜至少由两块镜片组成，即前面的物镜和后面的靠近眼睛的观察用的目镜。那时，人们已经使用两块镜片组成物镜了。为什么呢？单镜片类似于棱镜，会将光线分解成彩虹色，无法生成特别清晰的恒星图像。不仅美丽的水晶，所有玻璃片，只要它们厚度不均匀，都会出现这种情况。

由两块镜片组成的物镜

聪明的英国玻璃工匠在夫琅禾费之前几十年就发现：用两块不同材质的玻璃镜片来代替单一镜片作物镜，可以获得有趣的结果。其中一块镜片的玻璃中含铅，这使得玻璃镜片更重，透过玻璃的光线性质也完全不同，它会比透过较轻玻璃的光线更强烈地产生折射，而另一块则不含铅。当人们将这两块镜片巧妙地组合在一起，就出现了星星本来的图像，呈现明锐的白色——前提是这颗

星星像我们的太阳一样闪耀着白光。如果是其他颜色的恒星，例如猎户座中的红色恒星参宿四，这种镜片组合虽然不能使它们呈现原貌，但是也可以使成像更加清晰。

但是一块玻璃的折射率应该多高，而另一块又应该多低？镜头需要打磨得多么弯曲？为此必须要测量光线射入每块玻璃后，其光路相对于直线路径偏折的程度。这就必须对阳光中的每一个单色光进行单独的测量，因为每种单色光的折射程度不同。阳光被分解成单独的颜色，物理学家称之为分光。只要人们弄清楚这些，就可以计算出如何设计物镜了。不过，彩虹中

的颜色是从红色到紫色平缓而均匀地渐变，彼此之间没有明显界限没有确切的起止界限。该如何测量绿光在玻璃中的折射程度呢？人们可以找到绿色的中间点吗？可如果连绿色的开始

在 200 米的距离之外，几乎看不到光线

和结束都不清楚，怎么找到中间点呢？那在差不多的位置就行了——夫琅禾费之前，人们都是这么做的。但夫琅禾费想更精确地测量出来。

起初，他用玻璃棱镜将黄色的光分成扇面状。然后，他在这条扇形的色带上选择了一块非常窄小的部分——黄色的开始部分。当然，在200米之外，这束扇形的、摇曳的黄色光已经变得非常微弱，为了能看到微弱的光线，所有一切都只能在绝对黑暗中进行。这束非常窄小的光束可以说是他的"黄色"测量标记。

夫琅禾费在1813年到1814年间进行了尝试，就像他之前的

牛顿和赫歇尔以及其他许多人所做的那样，他让一束阳光射入玻璃棱镜。夫琅禾费的玻璃棱镜比之前的所有棱镜都要精良得多，更纯净，打磨得更细致。和牛顿相比，他凭借棱镜和望远镜可以进行精细得多的直接观察——前者只是把分光后的阳光折射到墙上并用肉眼观察。

当夫琅禾费突然看到整条太阳光谱上布满了黑色线条时，他完全震惊了——整条阳光被黑线"涂黑"！虽然诗人歌德不久之后愤愤不平地说，这一发现简直毫无美感，夫琅禾费却兴奋不已。他数出超过500条这样的线条，虽然今天我们所知的甚至有上万条，但在那时，夫琅禾费的发现是有创新意义的。在夫琅禾费之前，没有人见过这样的情况。他很快证实，线条不可能是设备上的污垢或其他干扰，必定来自太阳。夫琅禾费

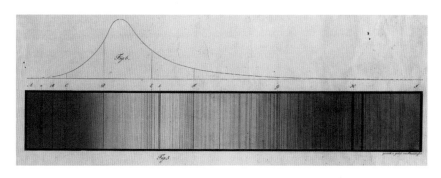

太阳光谱中的黑色线条

太阳、其他恒星、行星都发出带黑线的光谱

还巧妙地将行星（如木星和火星）的光线，以及非常明亮的恒星（如天狼星）的光线和太阳光进行了比较。来自太阳外的其他恒星的光线明显非常弱，他只看出少量黑线；来自行星的光线中，线条在红色和紫色区域之间的位置与太阳光的一模一样——这非常合乎逻辑，因为行星自身不会发光，它们的光芒来自阳光的照射。但在来自其他恒星的光线中，他能在光谱带中看到两三条在太阳光中找不到的黑线。这些线条可能是星星的密码。这密码背后会暗藏什么玄机？

1817年，夫琅禾费在其著名的有关黑线的文章结尾处写道，他必须为全世界建造望远镜，所以他没有时间进一步挖掘这个令人兴奋的课题。

夫琅禾费想成为出类拔萃的科学家，他也拥有足够的天赋，但是他必须计算镜片厚度、控制玻璃熔体、监控镜片的研磨和抛光——越来越多著名的天文台都希望拥有夫琅禾费研制的大型望远镜。夫琅禾费整日埋头苦干，没有时间结婚，没有时间休息，也没空注意身体。因常年吸入玻璃厂里的大量含铅烟雾，在39岁生日之前他被确诊患上了整个19世纪人类最危险的疾病之一肺结核。1826年6月7日，夫琅禾费英年早逝。

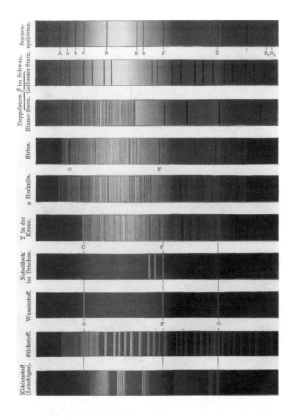

直到夫琅禾费去世之后很久，才出现这种光谱图。恒星显示出黑线，太空中的气体星云或地球上的发光物质显示出明亮的线

夫琅禾费去世后，整个欧洲都没有人想到，那些神秘黑线很快让他声名大噪。也许他再活几年，他本人就能将黑色谱线的谜底揭开，因为他对所有难题都会执着钻研下去。

　　33年后，德国物理学家古斯塔夫·罗伯特·基希霍夫和他最好的朋友化学家罗伯特·本森在海德堡发现这些谱线竟是解开太阳的成分的密码。它告诉我们太阳表面由哪些化学元素组成，每种元素的数量以及温度是多少。其他恒星上化学元素的分布与太阳上不同，这就是它们的黑线有所区别的原因。例如，位于黄色光谱区域中的黑色双线属于钠，它存在于地球上常见

由食盐燃烧产生的明亮双线

的食盐中。如果人们灼烧食盐，并通过分光镜观察火焰，就会发现这两条奇妙的线。琅禾费用D1和D2来代表太阳光谱中这两条间隔很近的暗线。

很多谱线表明太阳上也有铁。当时人们研究了很多元素灼烧的火焰，发现阳光中还有一些黑光谱线无法在地球上找到元素去产生。该元素只存在于太阳上吗？这种元素被称为氦，元素名Helium，意即太阳。直到19世纪末，人们才发现地球上有极少量的氦。而今天，你可以随时让充满氦气的气球飞入云端了。恒星中有极大量的氦，宇宙也存在大量的氦。恒星"燃烧"的"灰烬"，99％由氢和氦组成，而氢的"燃烧"也可以产生氦。

一门新科学诞生了，它被称为天体物理学。从原理上而言，夫琅禾费相当于将恒星放在实验室工作台上，并对它们进行物理和化学检验。

星星终于被摆上实验室工作台！

05

**颜色能告诉我们，
恒星运行有多快？**

克里斯汀·多普勒（1803—1853）

颜色与速度有什么关系？一辆红色汽车无论停着、缓慢行驶，还是在高速公路上开到时速200千米，始终是红色。飞机？它也始终保持灰色或银色。火箭？它的颜色也不会改变。但是，当物体运行速度接近300 000千米/秒的光速时，一切会有所不同。不过，即使火箭也无法达到这样的速度。但是也许恒星，比如那遥远的太阳，能达到如此高速？

这是物理学家、天文学家克里斯汀·多普勒的猜想。1842年，他写了一篇名为《关于双星和太空中其他恒星的彩色光线》的论文，里面的内容晦涩难懂，以至于许多天文学家根本不愿意去深入探讨。一些人花了些时间，非常详尽地反驳这位"显然不懂天文学的物理学家"的妄言。只有少数几个人开始冷静地思考这个问题。

多普勒的父亲曾是奥地利萨尔茨堡的石匠。而小克里斯汀对这一行当完全没有兴趣，数学才是他的最爱。当年，从高中老师转聘成大学讲师还是有可能的，于是当他的老师被调任维也纳科技大学的时候，便带上了自己最得意的门生。克里斯汀完成数学学业后，得到了一份工作——在布拉格（在今天的捷克共和国，当时属于奥地利共和国）的一所技术学校当数学老师。直到1841年，40岁的多普勒成了布拉格大学的教授。当年的布拉格大学和如今不同，根本谈不上是天才科学家的摇篮，当然更谈不上是天文学研究的圣地了。

在布拉格大学任教期间多普勒宣称：当星星远离我们时，它们会变红；当它们冲向我们时，会变得偏蓝紫色——前提在

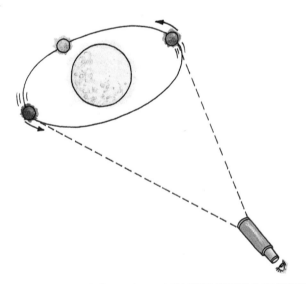

恒星逐渐远离我们时会变得更红，而逐渐靠近我们时会变成偏蓝紫色

星星会隐形吗?

于它们以接近光速的极高速度运行。对于双星系统，当其中一颗很大，另一颗很小时，这一点表现得尤其明显。较大的一颗保持相对静止，就像我们的太阳相对小行星一样，而小的那颗则围绕大的旋转。在我们的银河系中有很多这种双星系统，多普勒认为其中的大恒星应会保持白色，而小恒星在绕着大恒星的轨道上高速运行而逐渐远离我们时，它们应会看起来更红。当它们转过半圈之后，逐渐靠近我们时，应会变成偏向蓝紫色。

实际上，天文学家也描述了彩色的双星系统。多普勒相信这将证明他的理论。一些质量较小的恒星肯定在绕着质量较大的恒星以极高速度运转。如果一颗这样的恒星以136 000千米/秒的速度迅速远离我们，那么它的颜色不仅应转变为红色，还应转变为红外线，即热辐射。此时，这颗恒星对我们来说应该不可见。

有人认为恒星运动不大可能这么快，而且即使仔细观察来自双星的光，也看不出任何颜色变化，更不会有星星变得不可见。但是今天，我们已经知道，在数十亿光年之外的星系中，确实有类星体在以10 000—100 000千米/秒的速度离我们远去。这是那个年代的望远镜无法看到的场景，我们银河系中的星星也远远没有达到这样的速度。

克里斯汀·多普勒的思考非常理性。但这一理论物理学家们都很明白，天文学家们却难以理解。多普勒为此进行了直观的解释：当汽船迎着海浪的浪头方向高速行驶时，与驶离海浪方向相比，显然会有更密集的浪头打在船头上；而船尾与追赶船的波浪之间的间距则必然加大。波峰之间相互靠得更近在物理学上称为"较高频率"，这意味着：每分钟拍打在船头的浪头更多。人们也可以说：两个浪头之间的距离，也就是所谓的波

当一艘船快速驶过迎面而来的海浪时，海浪似乎更加紧密地接踵而至

以 600 千米／时的速度向我们疾驰的
管风琴声音会高上一整个音阶

长，变得更短。高频等于较短波长，在光波中就意味着颜色向蓝紫波段偏移。

声音也是一种波，那声波也会像光谱一样发生偏移吗？多普勒说："是的。"高频，例如 16 000 次／秒空气振荡会发出很高的音调，老年人可能根本听不见这个音调！较低的频率（如 20 次／秒振动）会导致音调非常低，这是最低沉的管风琴音！当我们以数千千米的时速，即以比 1200 千米／时的声波快一些的速度向着一架管风琴冲过去，那么听到的声音会高还是低呢？当然是高，这情况和迎着浪头航行的轮船如出一辙。当我们站立不动，管风琴向我们疾驰而来，也会发生同样的情况。

那时还没有飞机和火箭，也没有时速能高达数百千米的物体。但是，多普勒计算出，即使以较低的速度，人们也能听到声音的变化，也许略低于整个音阶。就在多普勒论文发表 3 年后，一位荷兰物理学家做了相关实验。小号手站在一节疾驰的开着门的火车车厢里，使劲儿吹出一声号声，而在火车站台上则站着一位音乐家聆听声音。在他听来，车厢里小号的声音的确比在站台上吹奏相同声音的音调要更高。反之亦然，站台上的小号声对于一位正处在快速开动的火车车厢里的聆听者来说，音调听起来更高。

　　这就证明多普勒是对的。比如，一辆带警笛的救护车靠近时，你通常会听到音高上升。当救护车从你身边经过并驶离时，鸣笛的声音变得更低沉；电视或广播上播放赛车节目，有时也是如此。所以多普勒是对的，但他同时也犯了错误。天文学家

"铁路站台上的小号声听起来比车厢里的小号声音调更高！"

"铁路车厢里的小号声比站台上吹奏的小号声听起来音调更高！"

? 小问题 6　　　音乐中的标准音高 a^1 为 440 赫兹。

这意味着音波在你耳朵前每秒来回摆动

440 次。那么高八度音后音波摆动得有多快？

发现恒星没有颜色变化。为什么呢？我们在之后的知识拓展部分会告诉大家。

1853 年，多普勒死于和之前的约瑟夫·夫琅禾费相同的恶性疾病——肺结核。几年后，人们发现，恒星光谱里的黑线透露了这些遥远天体上的一切物质信息：氢、氦、钠和铁的信息。可惜多普勒已无法亲眼见证这一幕。也许他本人就曾有过这样的想法：假如快速移动的恒星颜色发生变化，那么这些暗线也将在色带中移动。

为什么呢？这种暗线具有特定的波长或频率，就像在空气中传播的小号声的声波一样。根据多普勒的说法，当恒星接近我们时，恒星所有"音调"（即所有暗线）的频率必须稍高一些，意味着它的颜色会向紫色偏移，如果它远离我们，会向红色偏移。深色的夫琅禾费双谱线 D1 / D2——它可轻易与其他单条线区分开来——将不得不从黄色，也就是太阳光谱中间的位置，

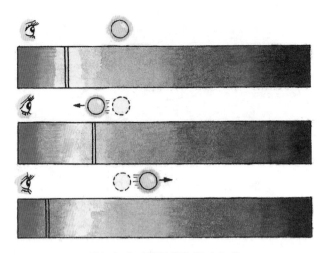

深色夫琅禾费谱线的移动方式

向红色移动①。太阳与其光谱可以给其他恒星提供很好的对照，因为太阳既不会向着我们冲过来，也不会远离我们而去。地球在大致等距离的地方围绕太阳旋转。

因此，一旦我们发现D1 / D2线在红色而不是黄色区域，这就意味着星星离我们越来越远；D线越是深入红色区域，星星离开我们的速度越快。当然，在进行研究时，自然应该挑选那些移动后仍然能与其他线条明显区分开的谱线。但是，所有线条无论移动到何处，本身始终指示恒星上的化学元素。

首先，人们研究了旋转中的太阳的边缘。太阳的自转周期

① 这是对应于恒星远离我们的情形。

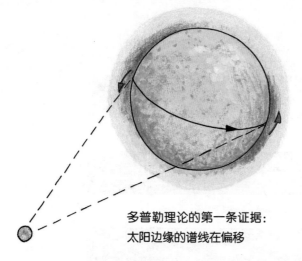

多普勒理论的第一条证据：
太阳边缘的谱线在偏移

是25天，当它的一侧边缘以超过7 000千米/时的速度转向我们，而另一侧则以同样的速度远离我们。因此，朝向我们的一侧的深色夫琅禾费谱线必须稍微偏移向红色，另一则则稍微偏移向紫色。

1880年左右，照相机已经足够灵敏，可以捕捉到来自天体的微弱的光，能将分光镜所显示出的太阳光谱中的窄小区域用"白底黑线"的形式拍摄下来。人们发现：太阳边缘的谱线确实发生了偏移。这就是多普勒的第一个天文学证明。随后，人们发现在宇宙真正意义上的星云中，也就是那些并非星系而是云雾状的发光气体中，其颜色光谱中的线条（不是指暗线，而是明亮的线条）也略有偏移。最关键的一点是：以不会远离或靠近我们的光源——地球上的光或者太阳中心——测量的谱线来作为参照。

这是人们第一次在太空中找到速度参照系！在大街上，我们早习以为常。警察用测速仪向汽车发射出的微波，被行驶中的汽车反射而回，此时其频率会完全如同多普勒所计算的一样发生变化。一旦计算出速度是 80千米/时而不是60千米/时，那等待司机的可就是一张超速罚单了。

仅通过暗线或亮线在光谱中的移动来检测非常遥远的恒星或星云的速度，可是一项非常了不起的突破。在夫琅禾费、多普勒、基希霍夫、本森之前，谁敢相信能做到这点！天文学家们还必须学习物理，才能更好地了解这个世界！

根据多普勒原理，人们只能测量太空中远离或朝向我们的星体的速度。这类星体的数量已经够多了，人们甚至在有些恒星上也发现了双线，例如北斗中的开阳星。人们很容易在天空中找到它，它是北斗星勺柄上的第二颗星。在望远镜中，它看上去就是一对双星。但是，这个双星系统的两颗星每颗本身又是一组双星。两颗星距离非常近，即使我们用最好的望远镜，也无法直接分辨出来。

100多年前，天文学家们已经发现：有些暗线会有规律地加倍，然后变得很容易看到。这该如何解释？很简单！这条谱线是两颗星星

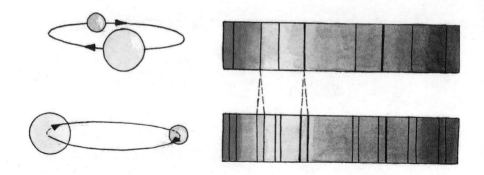

在两颗恒星相互绕转的情况下，夫琅禾费谱线发生了位移

共同拥有的。当其中一颗恒星向我们靠近而另一颗远离时，这条谱线变成双线，一条发生红移而另一条紫移；当两颗恒星正好重叠时，二者相对我们的位置是在平行方向移动，分离的谱线再次重合，那时没有多普勒频移。

人们因此突然间发现了诸多双星甚至是多星系统。人们很快还发现，宇宙中几乎所有星系都在彼此远离。天文学的整个世界观再次被刷新。一个特别令人着迷的发现是神秘的类星体，它们的黑色夫琅禾费谱线被推移得如此之远，以至于天文学家开始时根本不相信这是任何已知的谱线。

大约从20世纪末开始，人们还用多普勒原理发现了遥远恒星旁边的行星。太阳在太空中并非静止不动，它带着行星一起绕着银河系中心运动。与此类似，其他恒星也以这种方式缓慢前行。不仅恒星驱动着它们的行星，行星反过来也让恒星移动。或者可以说，这颗恒星应该围绕着可能位于其自身内部的一个点在移动。此点被称为整个恒星和行星系统的质心。恒星的移动会略微使其暗线发生偏移，并显示出有行星在围绕着它运动且使之有一些失衡。这些甚至都可以被计算出来。

到目前为止，人类已经发现了近5000颗遥远的行星，即使在最大的望远镜中也无法直接看到它们。因为它们的恒星太亮，行星只能将自身接收的恒星星光微弱地反射进宇宙深渊。如果从遥远的宇宙深处看过来，也无法清晰看到位于炽热太阳附近的我们这些行星，我们将看上去很密集，都带着微光绕着太阳旋转。

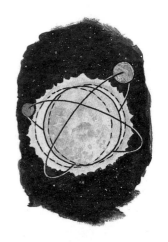

行星让恒星发出的光线变弱，使我们观察时感觉有些闪动

不过，人们已经通过望远镜直接发现了几颗围绕遥远恒星旋转的大型行星。人们很快又用别的技巧发现了3000颗行星，毕竟行星从恒星前方掠过时，其光线会稍微变弱一些。当然，发现这些行星不需要用到多普勒原理。但是多普勒原理是天文学中必不可少的一部分。没有它，我们对宇宙中大多数天体的运行速度几乎一无所知。

06

宇宙有多大？

如果相信地球是宇宙中心的古希腊天文学家托勒密与生活在大约1400年后、将太阳放置到所有行星轨道中心的波兰天文学家尼古拉·哥白尼遇到一起，两人就这两个世界体系以及恒星与地球之间距离展开辩论，会是怎样一幅场景呢？

　　托勒密首先发难："哥白尼先生，我认为您主张的地球绕太阳旋转是不正确的。因为那样的话，这一运动就必须在恒星上有所体现。它们将不得不按照地球运动的节奏年复一年地在天空中来回运动。将手指放在脸部前方约10厘米处，然后先闭上左眼，然后睁开左眼闭上右眼，如此交替，手指会发生什么？它似乎在您房间里一个书架的背景下来回跳动。如果地球绕着太阳运动的话，那可以把夏天时地球的位置看作一只眼睛，在冬天时的位置是另一只。因此，如果我在夏季和冬季各观察一次，恒星一定会'来回跳跃'。这意味着要找到同一颗恒星，夏季和冬季必须对观测仪器进行一些不同调整。但我不需要，因为那颗恒星根本不跳。哥白尼先生，您的想法是错误的，地球才是宇宙的中心。"

　　但哥白尼从容应对："亲爱的托勒密先生！保持手指尽可能远离脸部约50厘米，然后再次交替闭住一只眼睛。手指会发生什么？它来回跳动的幅度小得多了。现在，假设您的手指在10

当人们交替闭上一只眼睛时，会看到手指好像在来回跳动

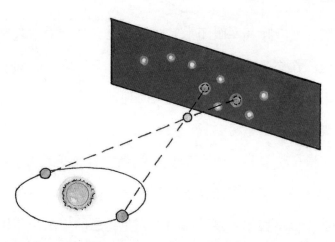

当我们先在冬天，然后在夏天观察时，一颗近距离的星星似乎在来回跳跃

米甚至1000米之外，它就几乎不再跳了。星星离我们太远，即使地球在移动，我们也看不到这种来回跳跃。"

托勒密该如何反驳？ 也许他会这样说："亲爱的哥白尼先生，我的仪器虽然很简单，但它却能精确地看到一颗和太阳之间的距离比我们地球和太阳之间距离远将近700倍的恒星的来回跳跃。这很不可思议。因为宇宙的大小不过是地球与太阳之间距离的18倍左右。我知道那是一个很远的距离。如果我们看不到恒星在其中跳跃，那意味着地球还是静止的。"

哥白尼认为，宇宙的宽度远大于地球与太阳距离的18倍。但他们俩都无法真正测量出恒星之间的距离。现在，如果我们告诉托勒密先生，即使离太阳系最近的恒星比邻星，其与地球的距离也比太阳和地球的距离大了将近30万倍，他可能觉得我们疯了。就算哥白尼，可能也不会相信是如此这般遥远的距离。

弗里德里希·威廉·贝塞尔
（1784—1846）

我们如何测量到遥远恒星的距离？那就必须拥有比托勒密所用的更为精密的设备，其精度必须达到至少能看清34千米外手指是否来回跳动的程度。这种设备直到1838年才出现。天文学家弗里德里希·威廉·贝塞尔使用夫琅禾费的望远镜进行了精准的测量，他是第一个看到恒星"来回跳跃"的人。他站在相同的位置，在冬季和在夏季观测到了星空有所不同。现在，或许连托勒密也不得不相信，地球的确在移动。

其实，到了1838年，已经不再有人怀疑太阳位于太阳系的中心，并且所有行星都围绕它运动。对地球运动的证明已不再那么重要，天文学有其他课题待解决。自哥白尼以来的所有天文学家都试图弄清楚恒星和地球之间的距离，可惜均以失败告终。而自贝塞尔发现了恒星的来回"跳跃"后，人们终于可以计算出恒星和我们之间的距离了。这是如何进行的呢？

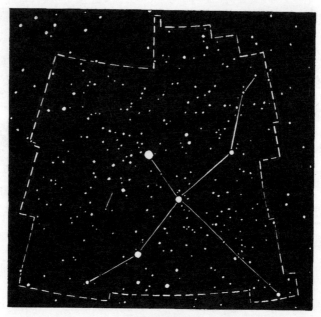

天鹅座和天鹅座 61

首先，贝塞尔必须在太空成千上万颗星星中找到一颗有成功希望的恒星。人们既然根本不知道恒星有多远，如何才能找到一颗并非远得可怕的恒星呢？贝塞尔的方法是找一颗在天空中出现明显移动的恒星。在当时天文学家仔细观测过的约3000颗星星中，只有大约70颗星星每年移动会超过$\frac{1}{7000}$度！贝塞尔发现了一颗移动了$\frac{1}{700}$度的星星，可惜星星小了一点儿，只能在望远镜中看见它：天鹅座61，在夏季美丽的天鹅星座中的61号恒星。

整个圆的 $\frac{1}{360}$ 是一度,人们很难在书页上画出一度。$\frac{1}{700}$ 度就更小了。在直径超过80米的圆圈上,61号恒星一年仅移动一毫米。

然而,61号恒星并非像我们的手指那样,每年忽左忽右跳跃 $\frac{1}{700}$ 度。无论地球位于何处,它都只能向一个方向匀速移动。这 $\frac{1}{700}$ 度的运动是什么,贝塞尔也不知道。最有可能的是,这是遥远恒星的自行运动。

总之,我们在天空中看到的恒星运动幅度越大,它离我们就越近。如果它离得非常远,即使它在我们银河系中已经绕行很久,我们也压根儿还是注意不到。这就好比,当甲虫在我们眼前爬一寸时,我们尽收眼底,但当它在20米开外邻居家的墙壁上爬行时,我们根本注意不到。因此,如果我们能观测到一颗星有大范围自行运动,表示它离我们非常近;没有自行运动,则表示它离我们非常远。当然,这并不完全准确。也有可能一颗近距离的恒星移动得太少,导致我们根本看不到。但是,既然没人能更精确地知道距离,那么天空中的这些自行运动至

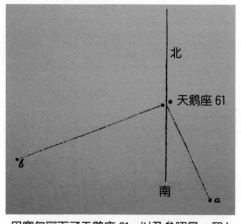

贝塞尔画下了天鹅座61，以及参照星a和b

少可以提供一个大概线索。

贝塞尔第二个想法是研究两颗也许离我们很远，看上去静止不动的参照星a和b。它们分别位于天鹅座61的左右侧。这相当于我们用"手指在眼前跳动"法来测量距离时，选择分别固定在我们手指左侧和右侧的两颗钉子作为参照。顺便说一下，天鹅座61不是一颗单一的恒星——它由两颗互相绕着旋转的恒星组成。

夫琅禾费的望远镜在此时变得尤为重要。那时，慕尼黑附近迪克波恩的约瑟夫·夫琅禾费生产出了世界上最好的望远镜。在他去世3年之后，即1829年，贝塞尔在普鲁士的柯尼斯堡架起了一架由夫琅禾费亲自计算、

贝塞尔的物镜镜头

设计和制造的望远镜。其物镜即望远镜前端的镜片直径为20厘米，可以让星光透过。其特别之处在于，这个前端镜片是从中间切割开的，由两个镜片拼成。这两个半边可以独立移动。如果人们通过望远镜另一端的目镜观察，看到一颗恒星成像为两张，那么，只有将两半镜片精确地推在一起，重新作为整块玻璃镜片起作用，人们才能像在普通望远镜中那样看到恒星的单一图像。

为什么贝塞尔需要这样的切割开的镜头呢？他将望远镜对准天鹅座61双星系，更准确地说是对准两个星之间的中点。现在，他移动切割镜头的一半，直到参照星的像正好移动到天鹅座61的两颗星位置的中间。这个方法，使他能获得参照星a、参照星b和天鹅座61之间的角距。从1837年8月16日到1838年10月2日，他测量出天鹅座61和参照星a的角距为85度，和参照星b的为98度。

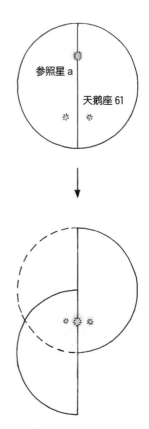

移动两片镜片，可以使星星a的图像移到天鹅座61旁边

两颗星之间的角距是指人们用望远镜或其他测量仪器从对准一颗星体转换到对准另一颗时必须转动的角度。

贝塞尔的测量过程相当艰苦。冬天很冷，贝塞尔穿着袍子，坐在敞开的天文台观测台上一冻就是几个小时，一个晚上对每个角距测量了16次。功夫不负有心人，他测量出，61号恒星相对于其参照星a和b发生了偏移。如果

他从读数中减去 $\frac{1}{700}$ 的自行运动，那颗星星实际在左右振荡，并且保持在每年 $\frac{1}{6000}$ 度的振幅。由于远离地球的恒星本身不可能像地球一样来回移动，因此这种摆动必定是一种错觉，正如我们交替闭上左眼和右眼，产生了手指在眼前向左或向右跳跃的错觉一样。

贝塞尔最终证明了：地球在一年中绕着太阳运动。但更重要的是，他

测量到了隐藏在这微不足道的 $\dfrac{1}{6000}$ 度后面的天体的距离。贝塞尔首先准确地计算了自己的测量误差。这 $\dfrac{1}{6000}$ 度的值可能有略高或者略低6%的偏差。贝塞尔所测的视差是1838年的最伟大的发现，测量值和我们现代所校正的值很接近，测量出的天鹅座61到我们地球的距离和现代的测量值只有一点点偏差。简直难以想象！

　　当时的蒸汽火车以接近60千米/时的速度在大陆上行驶。按照贝塞尔的说法，它得跑2亿年才能到达天鹅座61；就算"先驱者10号"这样已经在宇宙中漫游了几十年的太空探测器，也要花数千到数万年的时间才能到达。而天鹅座61已经是距离我们比较近的恒星之一了。南半球天空中的比邻星距离我们最近，只有4.2光年，在这之间，只剩下无边无际的宇宙虚空。

　　今天，人们可以使用这种"恒星视差法"测量大约300光年，不久后有望更远。不过，这种方法在更远的地方就不适用了，因为随着距离的增加，星星的微小跳跃会变得越来越微弱，直到完全观测不到。从我们银河系的一端到另一端的距离就已经超过10万光年。而距离我们最近的河外星系——仙女星系距离我们超过200万光年。

光年不是时间单位，而是距离单位。它是光以 30 万千米 / 秒的超快速度在一年里走过的距离，大约 9.5 万亿千米。

　　人类是如何知道距离我们如此远的仙女星系和我们的距离的呢？美国天文学家亨丽爱塔·勒维特在1912年发现了测量远距离星体的更巧妙的方法。

　　勒维特年轻时病重，几乎失聪，宇宙寂静无声，却散发着无穷魅力，深深吸引着她。一类奇怪的恒星引发了她极大的兴趣：它们不会持续稳定发光，而是很快变亮，然后逐渐变暗，然后再次变亮，如此反复，但总保持相同节奏。这类星就是"变星"。1784年约翰·古德利首次发现了仙王座 δ① 的光变现

① 译注：仙王座 δ，中文名为造父一星，因此像它这样的脉动变星又被称为造父变星。

象，1912年勒维持发现了这颗造父变星的周期和光度关系（即脉动关系）。

勒维特的发现是惊人的。光亮与黑暗之间的节奏并不总是相同，更亮的星星，明暗切换需要的时间更长，最长可达几天。而不那么亮的星星，明暗变换得很快，有时不到一天。最终，勒维特总共找到25颗这样的恒星，它们全部来自"小麦哲伦云"星系。由于该星系中的恒星紧靠在一起，而星系本身距离我们的银河系很远，所以可以说，该不规则星系的所有恒星与我们

我们的太阳

大麦哲伦云

小麦哲伦云

小问题 7 "麦哲伦云"的名称来自何处？

之间的距离都大致相当。你可以想象一群在校园远处角落的同学，他们中间每一个人和在教室窗边的你的距离都大致相同。

小麦哲伦云究竟有多远，在当时还是未知的。如果可以在银河系中任何地方找到此类造父变星，并测量它们与我们之间的距离，那么人们就可以算出"小麦哲伦云"离地球的距离。该如何计算呢？假设银河系中的某个造父变星需要6天时间由暗到亮再到暗，但看起来比"小麦哲伦云"中需要6天变化的恒星亮2500倍，那么，"小麦哲伦云"将比我们的银河系的这一造父变星远50倍。距离远了两倍后，亮度变为原来的 $\frac{1}{4}$，在距离远10倍时，亮度变为原来的 $\frac{1}{100}$，依此类推，因为光线亮

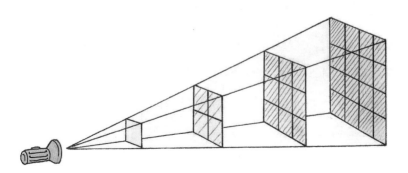

光锥的表面积随着距离增加到 2 倍而扩散到 4 倍，但亮度只有 $\frac{1}{4}$；距离增加到了
3 倍时，底面积增加到 9 倍，亮度则只有 $\frac{1}{9}$

这张哈勃空间望远镜拍摄的照片中的大部分光点都来自太空深处的星系

度变化随距离呈平方数变化。

仅仅几年后，丹麦人埃纳·赫茨普龙发现"小麦哲伦云"至少距离我们10万光年。不久，埃德温·哈勃证明了"仙女座星系"中这种脉动恒星至少距离我们的银河系100万光年。如果"小麦哲伦云"和"仙女座星系"距离我们如此遥远，它们就不可能是银河系的成员。

直到此时，人们才真正开始探索无比宏大的宇宙。在我们银河系数千亿恒星中，我们的太阳只能算是尘粒，而银河系本身也是浩瀚无边的众多星系中的尘粒。

07

发现红巨星

进行天文研究时必须用望远镜吗？不一定。比我们的太阳亮很多倍，体积大很多倍的红巨星就不是科学家通过望远镜或乘坐太空飞船发现的——它们是在桌子上被发现的。

1900年，丹麦天文学家、化学家埃纳·赫茨普龙在桌子上进行了光化学拍照实验：光射到感光胶片上，使其上的感光物质转换成黑色银盐颗粒，然后将这些胶片冲洗，使所有变黑的影像重新亮起来。

在赫茨普龙的时代，人们只有黑白胶片，并在几十年间都用它来拍摄太空——而这也是天文学的巨大进步。要知道，在使用胶片前，人们必须用手绘来记录所看到的东西，一边用一只眼睛透过望远镜观察，一边用另一只眼睛控制手来绘制图像。

但是，光化学拍照还存在一个问题：其上的银盐颗粒对每种光的反应分别有多强？例如，紫光比红光更易使银盐颗粒变黑。也就是说，在光化学照片中，一颗紫色星星要比红色星星显得亮得多。赫茨普龙对此进行了诸多研究。

除了光化学拍照，赫茨普龙对星星也十分着迷。这位非专业人士在1907年获得了一个"巨大"的惊喜发现：太空中一些有大到难以置信的红色发光"怪物"。它们最终被确定为太空中的"老先生"，躯体肿大，几乎"燃烧"殆尽，比太阳凉爽得多。最惊奇的是，赫茨普龙并非通过自己的观察，而是在其他人的绘图记录中发现了这些恒星。

19世纪50年代，人们破解了来自星星的密码：星光光谱中的黑线显示出恒星的炽热气体中存在哪些化学元素。1890年，美国一个以物理学家和天文学家爱德华·查尔斯·皮克林为中心组建的智慧女子团队就开始收集和整理这些拍下来的、被称为"光谱"的彩色带。

她们如何整理星星的光谱？1901年，她们已经收集了1000多个；20年后，总共收集了200 000多个。女士们研究开发出一种"抽屉"，并用A、B、C、D等字母标记。她们把看上去相似的光谱放进一个抽屉。到了最后，所有抽屉顺序都乱了，许多

由女性组成的皮克林团队

在当时,只有少数女性进入科学界,直到今天,科学界的女性还是比男性少。促使皮克林先生雇用女性的动机如今看来也非常荒谬:整理成千上万条带有深色条纹的黑白图像的烦琐任务对男性天文学家没什么吸引力,而且当时女性薪酬相对更低廉。

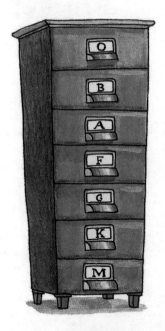

你能为抽屉序列想出自己的记忆口诀吗?

抽屉完全消失了。抽屉O突然出现在第一位,跑到了抽屉B的前面,因为O里面的光谱与B里面的光谱更紧密相关,而与M里的光谱没多少关联。整个抽屉序列今天仍然是:O、B、A、F、G、K、M。为此,美国天文学家还总结了一条记忆口诀:"Oh, Be A Fine Girl, Kiss Me"(哦,做一个好女孩,吻我)。

很快人们就清楚了,抽屉O里的星星主要发白色光,温度最高,而抽屉M里的发红色光的星星温度则低得多。这就如同一块加热的铁刚开始发出深红色光,越来越炽热后发出白炽光。

小问题 8 织女星的光谱位于抽屉 O—M 的哪一格？为什么太阳的光谱不在抽屉 K 里面？

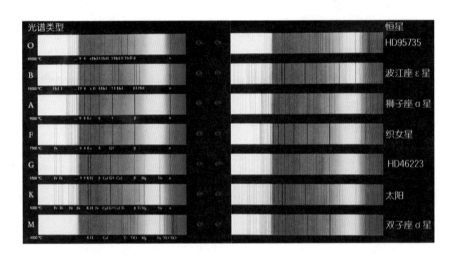

在这些女士中，分拣工作做得最细致的是安妮·坎农。另一位女士安东尼娅·莫里甚至已经拿到了发现红巨星的第一把钥匙，但是她忽略了一些东西，所以还无法开启大门。她意识到同事坎农的抽屉还必须往下细分，例如，在M型恒星下设置子抽屉，在里面装上所有带有特别清晰的夫琅禾费谱线的光谱。莫里认为这一定是一组特别的系列。只是她没有想到更深入的内容，也的确想不到，因为解释该子抽屉的第二枚钥匙是这些

整理数千个恒星光谱是苛细烦琐的工作任务！

恒星与地球之间的不同距离。

自1838年以来，人们只知道银河系中的小部分星星离我们的距离有多远。人们当时也不知道，放入抽屉里的大部分星星的实际亮度与什么有关。因为哪怕遥远的恒星其实很大，在我们看来光线也非常弱；而近一些的星星，尽管很小，但在我们看来似乎很明亮。埃纳·赫茨普龙有了一个绝妙的想法。这个想法并不新鲜，甚至其他天文学家也想过整理"抽屉"（科学上称为光谱分类学），但他是第一个熟练运用它们的人。而这个想法正是第二枚钥匙：恒星自身的运动可以作为它们和地球之间距离的测量依据。

赫茨普龙选择了大约300颗恒星，它们属于光谱类型和运动参数已知的那些恒星的抽屉，根据它们在天空中的亮度和自行运动的快慢，来推测当所有这些恒星和我们等距离时，也就是放在同一展示板上展现在我们面前时，它们的实际亮度会是多少。他先假设某些自行运动强度很强、离我们很近的星星为恒星1，如果恒星2的自行运动强度为恒星1的 $\frac{1}{4}$，那么它的距离就远4倍。如果把它放在与恒星1位置相同的展示板上，其光

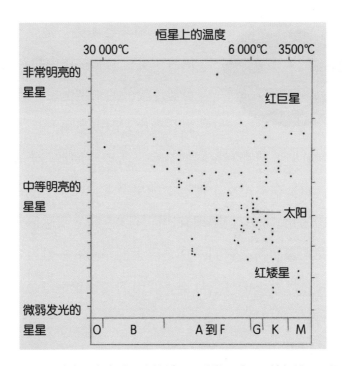

恒星上的温度

30 000℃   6 000℃   3500℃

非常明亮的
星星

红巨星

中等明亮的
星星

←太阳

红矮星

微弱发光的
星星

O   B   A到F   G K M

赫茨普龙根据恒星的实际亮度（垂直轴）和光谱类别（水平轴）排列了恒星。在上方是炽热的白色恒星，右侧是较冷的红色恒星。位于上部的所有星星都特别明亮，位于底部的星星光芒则非常微弱

在同一展示板上的星星将更易于比较

线亮度必然是在天空中观测到的亮度的4×4=16倍，依此类推。

赫茨普龙惊讶地发现，展示板上的绝大多数恒星都不如我们的太阳明亮，但是，在收集比太阳温度更低、颜色更红的星星类型的抽屉M中，居然有

少数几颗非常明亮。他正是在安东尼娅·莫里的子抽屉中找到这些的。可温度较低的M型恒星（简称M星）怎么会比太阳更亮呢？

所有M型恒星都有相同的红色，所以它们被归类在同一个抽屉中。如果在莫里女士抽屉中的星星发出特别明亮的光，例如明亮1000倍，则它们必须有比同样红色的M型恒星大1000倍的红色发光表面积，它们一定是巨大的星星——红巨星。就像1000盏装在灯板上的红色灯泡，发出的光比单盏红色灯泡要亮得多。

但是，为什么耀眼的M型恒星数量很少呢？可能正如安东尼娅·莫里所认为的那样，它们是一系列特别的种类，或者只是普通恒星一生中的某种形态，在其整个生命中仅存在很短时间。当时，科学界已经确信恒星始终在发育。它们不能一直"燃烧"，没有烤箱能做到这一点，即使在外太空也是如此。到一定时候，核燃料终会耗尽。能量既不能无中生有，也不会永不衰竭。恒星在形成之初如同一座熔炉，因其炽热而发出白色光，后来在某个时刻开始变凉，发出红光并最终熄灭。但是，没有人知道它们的核燃料究竟是什么。那么是否意味着，抽屉

O里的白色星最年轻，抽屉M里的红色星最老？当时人们这么认为，但事实并非完全如此。

假如一只蜉蝣，它想在自己短暂的生命中尽量了解我们人类，一天的时间内，它能观察周围的人们，有很小很小只能爬动的婴儿，有长大一些能到处乱跑的青少年，还有身材高大可以长途旅行的成人。作为一只勤奋的蜉蝣，它将所有观察到的内容填入一张清晰的图表。

一目了然！有很多个头儿大的人类到处走动，而小个子人类一直待在一个地方，但是也有几个大块头（老弱的人）几乎不怎么活动。问题是：为什么小孩的数量这么少呢？要么，婴儿从根本上说是某种特殊类别的人，或者他们只在很短时间内保持幼小且不动，过不了多久，他们就会长大并四处走动。他后来的生活时间和其婴儿阶段相比会长很多很多年！因此，假如您作

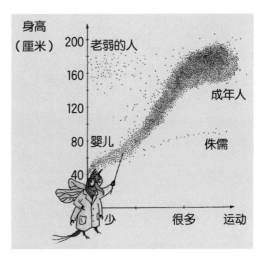

蜉蝣一日观察笔记

为蜉蝣学者只在一天的时间里观察到人类的话，婴儿的数量的确会看上去很少。

与恒星的寿命相比，人类的寿命就像蜉蝣一样短暂。1907年，没有人怀疑太阳与其他恒星一样，都非常古老。因此赫茨普龙得出结论：也许红巨星只是每颗恒星生命中的短暂阶段，因为这个阶段非常短，所以我们这些大多不到100年寿命的"蜉蝣"只能看到天空中极少数的红巨星。

赫茨普龙是对的。直到今天，人们仍在绘制这样的星图，

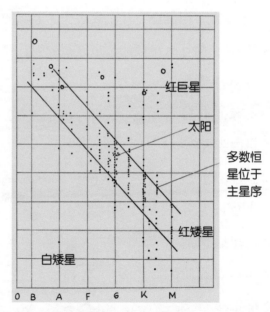

罗素的图表比赫茨普龙的图表更加准确。大多数星星聚集在从左上到右下的序列中。红巨星是一个例外：红色，温度较低，却非常明亮

还将其命名为赫罗图。

6年后，美国天文学家亨利·诺里斯·罗素已经精确地计算出许多恒星的距离，而且不仅仅是基于其自行运动的粗略估算。由此，他可

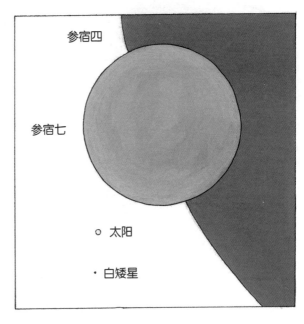

巨星和微小的白矮星

以将恒星更准确地放置在图表中。

人们为许多恒星绘制了这样的图，于是可以看到：星星有一个所谓的主星序。大多数星星都聚集于此。在G到M星列之间还有两类星星，一类光线非常弱，从属于主星序，还有一类非常明亮，位于图表的上方，那是红巨星。罗素在1913年还发现了一颗恒星，该恒星位于底部，但偏向左边，靠近A星。这意味着它又热，光线又白，但亮度却微弱。一颗更热，发着白光又暗淡的恒星一定很小。今天我们认识了很多这样的星星，

50亿年后，太阳将成为一颗红巨星，地球上所有生命终将消逝

它们被称作白矮星。

后来，人们能用第一台大型计算机计算出恒星的真正发育方式，但一切并不像人们在赫茨普龙和罗素时代想象的那么简单。恒星诞生于或大或小，但总是逐渐变热的星云，由于它只是散发热辐射，我们甚至无法在天空中看到它。最终，它变成了一个核电站，有的小小的发着红光，有的明亮且释放耀眼白光。只有到这个时候，我们才能在天空中看到它并将其输入到图表中。它属于"主序列"。要么是一颗发出红色光亮的小型M型恒星，要么是一颗闪耀着白光的O型星，它们都是"核电站"刚刚启动的进入了主星序的年轻恒星。

所有星星生命中的大部分光景都停留在这个主序列中——我们的太阳已经存在了50亿年，还有40—50亿年的时光。而一颗极其明亮的恒星只能维持数十万到数百万年的时间，然后核燃料氢就被消耗殆尽。因此，它如果太快消耗了自己的能量，就会早衰。再过几十万年，这颗老化的恒星会突然膨胀成一颗红巨星。

太阳将在主序星阶段持续很长时间，大约还有20亿年。之后，它才会膨胀成巨星，像巨大火球一样吞噬水星和金星。而整个地球的天空将几乎完全被恐怖的景象占据，地球文明在这之前就会走向终点！

但是，我们的太阳巨人此后还能再留存十多亿年，释放完大部分能量。同时，燃烧后的残渣被压缩，太阳会再次变得非常炽热，超过50 000摄氏度，一颗白矮星就此出现。压缩在一

大于临界质量的恒星可能在它生命的尽头爆发

起的物质也很沉重，一个顶针大小的物品就相当于地球上一座山的重量。但是，没有氢，也没有氦，这颗炽热的白矮星上的"核电站"无法再运行下去。在之后的数百万甚至数十亿年的时间里，它将越来越暗淡，直到最终成为太空中的残渣，消失得无踪无影。

而那些诞生时就非常明亮的恒星经过微不足道的几百万年之后，会在巨星状态之后爆炸，变成一团令人无法想象的盛大焰火，亮度相当于整个银河系——这就是超新星爆发，是恒星壮烈的生命归宿。但愿这样的事情永远不会发生在我们附近！

08

弯曲的宇宙

阿尔伯特·爱因斯坦（1879—1955）

艾萨克·牛顿因其引力理论和对阳光的拆析至少应获得两次诺贝尔奖，可惜，他所处的时代没有诺贝尔奖。

而我认为阿尔伯特·爱因斯坦的贡献足以得三次大奖。

第一次，他提出狭义相对论。他在其中提出：能量＝质量×光速×光速。当一个人的速度快得几乎等于光速时，就会发生不可思议的事情。顺便说一下，没有什么比光速更快的了。

第二次，他发现光以小能量包的形式传送。这的确让他获得了诺贝尔奖。

第三次，他提出广义相对论，证明其实根本没有牛顿所认为的引力，有的是所有有质量的物体周围环绕着的弯曲的时空，就像你站在蹦床上让蹦床弯曲变形一样，似乎有一种拉扯的力量，让蹦床上的东西都会滑向你的脚边。但其实并没有拉扯力，只是时空在你周围弯曲了。所以，当你从一棵树上掉下来的时候，应该说是地球周围的时空弯曲，而不是地球的引力迫使你

究竟是你的脚对小球有引力，还是蹦床的弯曲造成的？

回到地面。

　　根据爱因斯坦的说法，即使没有蹦床，无论站立在地球上，还是作为宇航员飘浮在太空中，都会让周围的时空弯曲。但是，由于我们的质量一般不超过100千克，所以我们周围的时空弯曲曲率很小，以至于我们可以轻松地忽略它。即使是巨大的地球，对周围时空的弯曲程度也是很有限的。例如，光在地球周围将不得不弯曲一点儿。实际上，这一点爱因斯坦早在1907年就提出来了：所有可以移动的

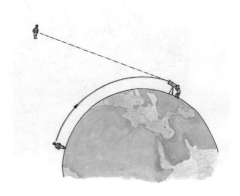

倘若地球能够如黑洞一样让光束强烈弯曲，那将很棒

东西，无论光还是物体，都应该在看不见的轨道上围绕着大质量天体，比如地球，弯曲着进行运动。月球就是这样！

但是，为什么需要爱因斯坦的"轨道"理论呢？牛顿早已很好地解释了月球的事情，人们能使用其著名的万有引力定律算出所有的东西，我们已知的每条行星轨道都规规矩矩地遵循了这一理论。

所有行星都以椭圆轨道绕太阳旋转，离太阳最近的水星也毫不例外。但这些椭圆轨道在太空中并不总在同一个位置，椭

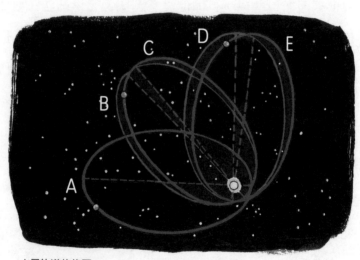

水星轨道的位置

经典算法：	A 今天	B 30 000 年后	D 60 000 年后
实际上：	A 今天	C 30 000 年后	E 60 000 年后

围绕太阳旋转的水星的椭圆轨道

圆轨道自身也在非常缓慢地绕着太阳旋转。只有围绕着巨大质量的太阳转动得最快的水星的轨道，人们可以通过比较多年的观测来准确地测量其旋转。水星离太阳最近，因此其椭圆轨道的旋转并不太细微。结果显示：水星椭圆轨道625年旋转一度。那是一个很小的角度。在超过20万年的时间里，水星椭圆轨道就会在太阳周围绕出一个美丽的花环。

水星为什么会这样？牛顿的万有引力定律只能解释这其中原因的90％，背后必然还潜藏着什么。最简单的一种可能性是，有一颗非常靠近太阳的很小的行星——它应该被称为"火神星"，干扰了水星的轨道。但是，就算天文学家在耀眼的太阳旁仔细搜索，也没有发现任何小行星的踪影。

爱因斯坦想用他的新理论帮助天文学家解开这个谜题。1915年，当他终于成功地用围绕太阳的空间曲率新理论解释了水星椭圆轨道的旋转时，如他自己所说，他激动得难以自持。爱因斯坦的理论中还有另外两张王牌，它们预言了出乎意料的全新事物。这王牌与光有关。光也应该有质量。这种理论并非石破天惊，毕竟早在200年前就已经有过。但是这期间，人们不再相信这种说法，因为人们早把光看作一种波，而波并没有质量。相反，爱因斯坦认为光也有质量，光对他来说既是粒子，又是波。这些有质量的光粒子将被行星甚至太阳吸引，并且像绕着地球的月亮或绕着太阳的行星一样被弯曲。虽然强度要小得多，但事实就是如此。

爱因斯坦精确地计算了方向偏转——在最初，也就是在1915年前的几年，他还算错了。爱因斯坦确信太阳带来的偏转肯定是可测量的。一颗从我们的角度看上去在太阳附近的星星，是不会精准地出现在天文学家根据其运动而计算出的位置上的，而是会略微偏移。正由于光的弯曲，它会略微偏移不可思议的 $\frac{1}{2000}$ 度。其细微的程度好比我们在一千米之外看到了一只蚱

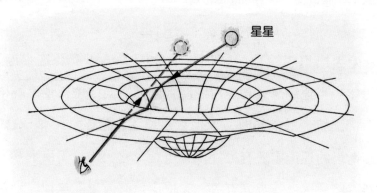

星光会在沉重的太阳附近弯曲，因而星星的真正位置并不在我们所看到的地方

蜢，假设我们真能看到的话。但是"锱铢必较"的天文学家可以测量出类似的东西。

他们是如何做到的呢？当阳光照耀的时候，人们是看不到任何星星的，更不用说在耀眼的太阳边缘位置了。必须遮住太阳，才不会影响人们对星光的观察。爱因斯坦在提出他的第一个想法4年后终于想到办法：日食时月亮会遮住太阳，人们甚至可以看到水星。要知道，其他时候看到水星难上加难，人们只在日出之前或日落之后的短暂时分能找到水星的身影。在日食中，人们肯定能够测量这 $\frac{1}{2000}$ 度的偏移。他知道，下一次合适的机会是1914年。

爱因斯坦的理论才刚刚收尾，他眯着眼感叹道："我再次被引力论困扰到精疲力竭……大自然只向我们展示了狮子的尾巴，但我毫不怀疑，整头狮子就在这里……而我们不过像狮子尾巴

日全食

上的跳蚤一般在观察它罢了。"

爱因斯坦的天文学家朋友们原本计划在1914年前往俄罗斯进行日食观测，他们将所有观测工具打包，又在黑海和亚速海之间的克里米亚半岛上重新搭建起来，结果却遭到逮捕——血腥的第一次世界大战开始了，俄罗斯和德国是敌对国。尽管还有其他研究团队也在探究此事，但战争和恶劣的天气破坏了所有观测项目。

1919年，英国的一支日食探险队才证明了爱因斯坦的观点完全正确，人们精准地观察到他所预测的光偏移。不过，第一次探险失败了未尝不是好事，毕竟当年爱因斯坦的预测值少了一半，印证不了还是相当尴尬的！1915年，爱因斯坦完成广义相对论后，才计算出准确的数值，是当初所得数值的两倍。至此他名满天下，所有人都称他为推翻我们宇宙认知的"新牛顿"。

此时，光的量子概念尚未从他的理论中脱颖而出，但这已无大碍：如果人们将光理解为波，则红光的振荡相当缓慢；蓝紫光的振荡速度更快，它的频率更大。尽管爱因斯坦提出光粒子概念，但光波也是成立的。爱因斯坦声称，因为太阳的质量很大，其表面重力比地球大得多，所以光波在太阳表面比在地球表面振荡慢 $\frac{2}{1000000}$。这又是一个极微小的数值，如果你的时钟突然每秒减慢了 $\frac{2}{1000000}$，你压根儿就不会在乎。因为即便如此，将近一年之后，你上学的时间也才晚了一分钟左右。

因此，来自太阳的光的谱线向红端移动 $\frac{2}{1000000}$。确切地说，夫琅禾费的深色线条会再次向我们证实这点。它们与地球上的光源相比，肯定会有非常小的偏移量。人们直到40年后才在白矮星上证实了这点。白矮星上的表面引力比我们的太阳还大得多。

如今，如果人们不把这微小的偏移计算在内，汽车中的导航设备都无法正常工作。高悬在地球上方的卫星向我们发送无线电波，导航设备就能计算出我们所在的位置。但是在地球表面30 000多千米以外，地球的引力比较小，无线电波就会如爱

小问题 9　　　汽车用全球定位系统导航时，还必须考虑到爱因斯坦的相对论。这是为什么？

因斯坦所述的，比靠近大地时振荡得更快一点儿。这一点工程师必须考虑在内。

当然，天文学家要思考爱因斯坦理论的情况比工程师多很多，如今，没有它就什么也行不通——诸如像黑洞这样的质量巨大的"怪兽"把周围的时空强力弯曲，或者那些从遥远地方发射来的光经过大质量天体时发生偏移，正如太阳让远处的星光发生偏移一样。这种偏移可能非常严重，以至于一个非常遥远的天体发射过来的光，会被前景的大质量天体加2倍，4倍，甚至形成环状。人们把这种只有用现代巨型望远镜才能观测出来的梦幻般的景象称为爱因斯坦环。

再回溯到1907年，爱因斯坦这个想法诞生之初。事实上，

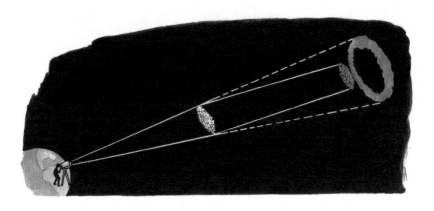

爱因斯坦环是较近较大的天体使来自遥远天体的光发生弯曲而产生的

他根本不是从水星开始研究,他只是被另一个更大的难题所困扰:1905年,他提出的狭义相对论解释了物体的匀速运动,以及光速不变原理。但是,假如速度是变化的,1905年的理论则无法给出答案。而这正是天体对应的情形,天体本身,比如行星在不断改变其速度。例如,地球自转的速度在冬天就比夏天更快,因为此时比夏天更靠近太阳(别想错了!这与冬天更冷没有任何关联)。

爱因斯坦对自己说,不管怎样,我必须扩大狭义相对论的范

爱因斯坦环

坠落的泥瓦匠和与他同时掉落的一切在坠落过程中都是失重的

围，它也应该适用于变化的速度。这就是他的出发点。那么他就想，必须把重力考虑进来。在1905年，重力在他的研究中还没有一席之地。找到出发点只是其一，但是如何进行下一步呢？爱因斯坦后来讲述过究竟是什么激发了他思想的火花：试想如果有人从屋顶上掉下来，也许是一位非常粗心的泥瓦匠，手里还拿着工具和砖头。他在跌落时不会感到体重，无论是自己的还是工具或砖头的，他是失重的。泥瓦匠肯定不会愿意尝试这样的事。

爱因斯坦说，实际上感觉有可能是片面的。在我们跌落时，一位站在下面的朋友清楚地看到，我们被地球从上面拉下来，而且速度越来越快。究竟什么才是对的？是我们的感受，还是我们的朋友所看到的？

假如我们把自己锁进一个没有窗户的大箱子里，在里面放上一个秤，突然，秤上什么都不显示了，我们可能会觉得箱子

奇怪，我们在怎么运动?

飘浮在太空中的某个地方。但是一位朋友却看到（也许通过摄像机）这个箱子在下坠，甚至可以看到里面的我们和秤在一起下坠，而且速度越来越快，可见我们并不是真的失去重力。那现在到底怎么回事？

爱因斯坦在脑海里又换了一个例子：他想象物理学家们突然被放在一个没有窗户的大箱子里。一切正常！我们都安静地站在地面上。然而，其中一位研究人员怀疑情况并非如此，认为也许这个箱子正在太空中飘浮，是刚刚通过火箭发射出去的，火箭推力恰好等于同地球施加的引力。如果是这样，我们所有人也会很正常地拥有重量。只要箱子里的物理学家不走出来看

看，他们就无法断定眼前到底是什么情况。

所有物体只要运动得越来越快，都会感到阻力，这就能解释在被高高发射出去的箱子中所发生的一切。这样的阻力来自惯性质量。同时，引力质量则解释了在静止盒子中发生的事情，它让我们被吸引到地面。惯性质量和引力质量始终完全相同，因此，箱子里的物理学家无法断定自己身上究竟正在发生什么。

这使爱因斯坦感到非常惊讶。如果这适用于所有时间、所有地方，那么它可能是一个重要的自然法则！地球上并不存在如章鱼腕一般拉扯着我们和月球的引力，让我们运动的是围绕着地球的弯曲的空间——就像过山车一样。过山车没有迫使我们保持在弯道中的力量，只不过我们行驶的轨道在那儿，正如爱因斯坦提出的空间里，有看不见的轨道拉扯着月球旋转一样。

尽管听起来很简单，但爱因斯坦用了超级难的数学，即所谓的张量计

算准确地解释了它，那可是很辛苦的工作。但是，他与数学家朋友马塞尔·格罗斯曼一起，终于找到了描述整个宇宙的正确的方程——广义相对论。

如果人们在广义相对论中，仅考虑像地球一样质量的天体的弱引力，甚至几乎所有围绕太阳的运动，都可以精确地得出牛顿引力定律。我们已经得知，水星并不完全如此。这简直令人震惊，伟大的牛顿定律只是爱因斯坦理论中的特例！但是，如果我们观察诸如脉冲星、中子星或黑洞的情况，牛顿定律将一筹莫展，只有爱因斯坦的广义相对论才能解释一切。

今天我们可以进行比爱因斯坦时代精确得多的测量工作，这也使物理学家敢于就他的理论展开奇特的预测：例如，黑洞

如果人们能看到两个黑洞相撞，引力波（此处显示为彩色）扩散出来，那就太好了

和整个星系之类的巨大质量可以使空间大大弯曲，所以一旦这些大质量的天体发生剧烈的变化（如两个黑洞相撞），则曲率也会发生很大改变。实际上，人们最近刚观测到这类情况，碰撞周围的空间发生了巨变。这一恐怖的事件就像我们将一块巨石扔进湖中，延伸出波来一样。爱因斯坦称这种曲率波为引力波，我们应该能测量它传播到地球的数据。

事实上，在2015年人们已经成功进行了测量，不过其影响实在微乎其微。假设我们有一根从地球延伸到太阳那么长的测量杆，该曲率波对它产生的形变范围也只有大约一个原子直径的大小。美国两个大型实验室通过在长达4千米的光学隧道中叠加两个激光束，发现了在距离我们13亿光年的远处，有两个均约有30个太阳质量的黑洞，在一次巨大的碰撞中融合成一个黑洞。

09

星系的逃逸

大部分我们能用肉眼看到的天空中的事物，例如恒星、行星、小型星云和暗星云都属于我们自己的银河系。不过，你在璀璨城市之外的漆黑夜空里可以找到一个发着微光的河外星系——仙女星系。在哪里？当然是在仙女座方向。

你知道吗？ 如何找到仙女星系？

最佳的观测仙女星系的时间是9月中旬至12月中旬，它与仙女座和飞马座一起高高地悬在天空中。只要你朝着南方头顶上方看去，立刻会看到一个由4颗飞马座和仙女座的星组成的大正方形。所有这些星星亮度相同，假如我们将正方形视为车身的话，该四边形的左上方则有一个"拉杆"。

"拉杆"上有多颗恒星，第一颗星光很弱，然后一颗很亮，几乎与方形车身的星星一样明亮。从这颗明亮的星星转到右上角。如果夜空足够

秋季星空中的仙女星系

黑，而天空又很明朗，你就可以看到一团呈长形的"烟雾"飘浮在那里。

　　伽利略时代的天文学家西蒙·马里乌斯是第一位透过望远镜观察到仙女星系的人。

　　仙女星系，曾被称为仙女座大星云。然而，这个星云根本不是什么云雾，而是在离我们220万光年外的地方，由超过1000亿至1万亿颗恒星聚集而成，这让人非常震惊。这是我们银河系的一个较大的姐妹系统，顺便说一句，它正向我们冲来。

　　但是不用担心！就算整个仙女星系撞到我们，地球也会像幽灵一样穿透过去，不会撞上任何东西，至少不会撞上任何一颗像太阳一样的恒星。为什么呢？恒星可能直径有几百万千米，但彼此相距至少40万亿千米，它们彼此的距离是直径的1000万倍。一个人大约宽0.5米，假设地球上的人类和星系里的恒星一样彼此相隔，则需要将人之间的距离设置为5000千米，相当于环绕地球的整个赤道上就只坐了8个人，就算他们随意去散步或乘船出行，他们也可能永远都不会见面！天文学家预计大约

我们的邻居星系——仙女星系

20亿年后，仙女星系和银河系会有一次幽灵般的相会。

大约250年前，查尔斯·梅西耶数出了天上103个雾状天体，人们才开始思考这些星云①是否可能全部由恒星组成，就像我们银河系闪闪发光的白色缎带被伽利略分解成了恒星一样。而且它们也许根本就不是暗弱的星云，而是宇宙之岛——由星星组成的岛屿分散遍及整个宇宙——就像遍布整个太平洋的岛屿一样。大约150年前，人们发现某些星云看上去像螺旋形的巨大烟火轮一样，也许还旋转。仙女星系也许就是这样的宇宙之岛。

大约100年前，人们才通过美国威尔逊山上的超级反射望

① 经科学研究，梅西耶发现的103个星云，有些是真正的星云，有些是星团，有些是星系。

远镜真正成功地将仙女星系稀薄的外层解析成独立的恒星。这架反射望远镜的直径是2.5米，创下当时的世界纪录。这台建成于1917年并创纪录的望远镜带我们认识了一位传奇人物——埃德温·鲍威尔·哈勃，后来人们又以他的名字命名了哈勃空间望远镜。他是第一个在威尔逊山上发现仙女星系面纱中单颗恒星的人。哈勃并不满足于此，他想要确定这团星云和我们之间的距离，除了仙女星系的，他还想知道尽可能多的星云和我们的距离。

其他星云的距离在当时完全未知。在1920年左右爆发了一场激烈的争论：这些星云都围绕在我们银河系附近吗？那这些星云比我们自己的星系小得多，就像是环绕壮丽银河系的小型卫星，还是它们离我们非常遥远，实际上是同样巨大而壮观的星系，也就是同样巨大的宇宙之岛？

此后30年，威尔逊山上的胡克望远镜是当时世界上最大的望远镜

当时，大多数天文学家还一直以为我们的银河系独一无二，在太空中是一个比其他星系要大得多的群星之岛。就像在哥白尼之前，大多数人都认为地球独一无二，比太阳和行星都大一样。但是哈勃等少数几个人却坚信：这些星云就是大小并不亚于我们银河系的宇宙之岛。

小问题10 你和朋友一起远足，你估计远处风景中的一棵树高约10米，距你们约300米。朋友告诉你，他知道其实树在900米开外。那么，这棵树的高实际上是小于还是大于你先前估计的10米呢？

大部分星系并不会像仙女星系那样冲向我们，而是逃离我们。和确定距离相比，确定星系远离或靠近的速度要容易得多。因为星系逃离我们的速度越快，对我们来说它就显得越红，更确切地说，在光谱中暗线向红色移得越远。也许这意味着，所有旋涡星系都彼此飞离？难道整个宇宙都在膨胀吗？这些问题令哈勃着迷。

自1925年开始，爱因斯坦身边的理论物理学家们就开始探

星系会害怕彼此吗?

讨这些问题。宇宙可能像烤蛋糕面团一样膨胀开来吗?宇宙中的星系就好比蛋糕上的葡萄干,彼此间的距离越来越大,不仅仅和我们之间,而且它们彼此之间的距离也都越来越大。想象一下,面团的体积在10分钟内翻倍膨胀,在20分钟内变成了4倍,在30分钟内变成了6倍。然后,其中两颗葡萄干的距离也分别相距2倍、4倍、6倍,以前是1厘米,现在是2厘米、4厘米、6厘米。于是,第3颗葡萄干距离第1颗葡萄干本来4厘米,很快就会变成8厘米、16厘米、24厘米。这里有一条简单定律:葡萄干相互远离的速度随其距离递增。面团均匀膨胀,葡萄干之间的距离离得越远,看上去移动的速度就越快,两者相距2倍时,速度快2倍,相距3倍时,速度快3倍,依此类推。

这是令哈勃左思右想的大问题。但是他需要知道葡萄干，也就是星系之间的真实距离有多远。首先，他确定了这些星系的形态可能大不相同，作为一位严谨的天文学家，他还设计了一个优雅的序列。他

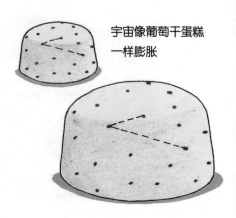

宇宙像葡萄干蛋糕一样膨胀

很快就对星系了如指掌，用巨型望远镜观察着我们银河系中星团、真正的星云和暗星云，如同在老家闲逛一样轻松。

早在1926年，哈勃和同事弥尔顿·胡玛森就通过发现红移，知道有的星系以3000千米/秒的速度逃逸，有些星系的逃逸速度甚至接近20 000千米/秒。假如他的理论是正确的，那

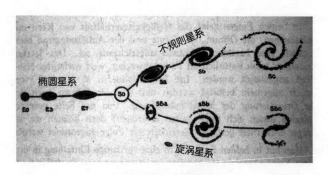

哈勃的星系分类系统

么这些令人难以置信的逃逸速度证明，这
些星系一定比以前所知的最快的，"只有"
600千米/秒的星系相距更远。

　　1929年，他迈出了关键性的一步，终
于用世界上最好的望远镜将一些遥远星系
的"迷雾"解析为一颗颗恒星。很快，他
为计算找到了标记点：易变的恒星，著名的亨丽爱塔·斯旺·勒
维特的造父变星。他将它与我们银河系中已知的、自然要明亮得
多的造父变星进行了比较，星系之间的距离呼之而出。但是，有
几个宇宙岛上，他没有找到任何变星。他简单假设：那里最亮的
恒星可能与刚计算出的星系中最亮的恒星，以及和我们的银河
系中最亮的恒星一样明亮。但是由于距离不同，其亮度也表现
得有所不同，假设一颗遥远星系的最亮恒星亮度是刚计算出的
星系的最亮恒星 $\frac{1}{10000}$ 倍，而根据哈勃的说法，如果这些恒星的
亮度应该大致相同的话，那么遥远星系距离我们应该是刚计算
出星系最亮恒星与我们的距离的100倍（因为亮度和距离的平
方成反比）。

　　这虽然只是非常粗略的估计，但大致是正确的。他还必须
用更大胆的方法来分析几个更远星系的情况。当他将已经发现

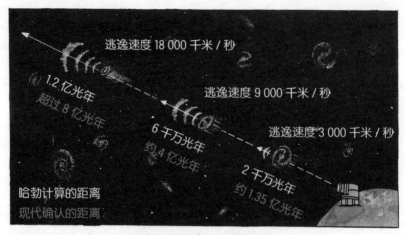

逃逸速度 18 000 千米／秒

逃逸速度 9 000 千米／秒

逃逸速度 3 000 千米／秒

1.2亿光年
超过 8 亿光年

6 千万光年
约4 亿光年

2 千万光年
约 1.35 亿光年

哈勃计算的距离
现代确认的距离

宇宙中星系的逃逸速度多快？

的24个星系的距离和逃逸速度填入表单后，一条奇妙的定律突然跃入眼帘，正如我们用面团模型解释的一样：遥远星系的逃逸速度与它们和地球的距离成正比。这就是哈勃定律。哈勃常数则是哈勃定律中的常数值。

但是，这个哈勃常数尚不正确。根据哈勃常数最初的数值，人们计算出宇宙起源于约20亿年前。尽管爱因斯坦和许多理论物理学家在1930年公开承认了哈勃常数，并亲自计算了宇宙的膨胀，但结果却是错误的。为什么呢？当时有人根据地球的放射性元素的辐射量已经计算出地球年龄至少有40亿年。大约10年后，人们知道恒星的核燃料是氢，它被聚变成氦。从中可以算出我们的太阳已经走过了大约46亿年的岁月。而地球和太阳

哈勃常数：	更新后的哈勃常数：
星系的运动速度如何增加？	宇宙多老了？
哈勃（1929 年）：每百万光年约 150 千米／秒	哈勃（1929 年）：20 亿年
2009 年：每百万光年约 25 千米／秒	2009 年：大约 140 亿年

不可能比整个宇宙还要古老！哈勃定律是正确的，但哈勃常数是错误的，大约大了 6 倍，而哈勃常数的测定到现在也未有定论。

尽管如此，哈勃依然成就非凡。他最终证明我们的银河系不是唯一，还有无数至少和我们的宇宙之岛同样大小的其他星系。尽管它们在我们看来极小，但距离越远，其实也就必然越大。正如我们站在高山顶上，看到树木、汽车和牛羊都像迷你摆件一样，实际上，它们如果就在我们眼前，实际尺寸是相当大的。

与我们邻近的仙女星系确实是个例外。它属于我们的"本地"星系群，由于彼此之间的距离相对靠近，仅有几百万光年，所以相互吸

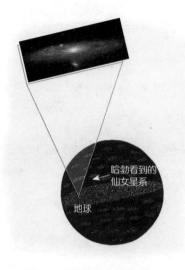

哈勃：仙女星系离我们很远，和我们的银河系一样，都很大

引。"靠近"一词的含义对于天文学家来说，和对我们芸芸众生有些不同，这种"靠近"足以使仙女星系和我们的银河系之间拥有足够强大的引力。距离更遥远的星系——有些距离我们数十亿光年——都以相当于20%的光速或者更高速度逃离我们。确切地说，它们并非逃离我们，因为我们在太空中没有任何特别之处，是所有星系群或星系团都在远离彼此而已。让我们想象那块面团吧！宇宙自身会膨胀，就像我们吹气球时气球的表面一样。

为什么宇宙空间会膨胀？在这140亿年之间发生过大爆炸吗？

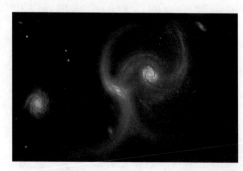

正在飞离我们的和迎面而来的，甚至已经碰撞到一起的星系

小实验 从打孔器上取下 10—20 片打下来的小纸片，并粘在刚刚吹起来一些的气球上，这应该就是我们早期"皱巴巴"宇宙中的星系。现在把气球吹起来。气球表面，即我们的宇宙会继续膨胀，一些小星系会远离。这些小星系彼此之间原本的距离越远，它们之间距离就拉开得越快——哪怕你始终在匀速吹气。

10

大爆炸的回声

1965年，两位年轻的物理学家亚诺·彭齐亚斯和罗伯特·威尔逊发现一种奇怪噪声从天空的四面八方传来，后经罗伯特·迪克等人确认为宇宙背景辐射。这种所谓的宇宙背景辐射对宇宙大爆炸理论起了力证的作用。

　　长期以来，天文学家对宇宙大爆炸一直持怀疑态度。但人们计算出了极高的宇宙膨胀速度，由此可以设想一开始爆炸的剧烈程度。但是在彭齐亚斯和威尔逊有所发现之前，最多只有三分之一的天文学家相信宇宙的开端是这样的，其他大多数人坚信所有事物都一直存在，自然地扩展，也许随后可能收缩并再次扩展，如此种种。

　　事实上，宇宙是否肯定源于一次大爆炸？一定是爆炸吗？一些英国天文学家，包括著名的宇宙学家弗雷德·霍伊尔认为这个问题有了新答案：宇宙始终在膨胀，其空间将越来越空旷。但与此同时，新的气体星云、恒星和星系会无中生有，填补空间。最后，一切都与往常一样，就像从来不曾改变，这一理论被称为稳恒态宇宙论。

　　这一美妙的理论漏掉了三个主要问题：

　　第一，新的气体星云、恒星和星系如何不断地从无到有？物质只能从物质本身或能量中产生。我们知道，新恒星是从先

前存在的恒星或气体星云
诞生的。衰老的大恒星爆
发成超新星，爆炸产生的
物质又和气体星云、尘埃
云一起，在宇宙中再次形

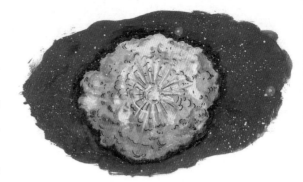

大爆炸是什么样的?

成新恒星。如果真是一片虚无，则只能一无所有。然而，宇宙
刚开始时的巨大爆炸又是从一片虚无中来的! 今天，我们尚无
法对"大爆炸"之前的宇宙进行解释。

恒星能凭空诞生吗?

第二，随着我们用望远镜对太空
进行越来越深入的观察，我们也就同
时回顾了过去。例如，我们对着太空
深处10亿光年外的星系观察，那么来
自该星系的光要花大约10亿年才能到
我们的眼中。因此，所有我们所见的
宇宙深处来自这个星系的光均为10亿
年前的光。但根据稳恒态宇宙论，那
时的一切看起来都该和今天没什么两
样。但在彭齐亚斯和威尔逊做出伟大
发现之前就已经证实了: 事实并非

如此。例如，很久以前，我们的宇宙中曾出现巨大的发射无线电波的怪物，其辐射量近似于整个银河系所发出来的。它们于1962年被发现，被称为类星体辐射源，简称类星体——人们在某种程度上可以将它们看作恒星。它们聚集在宇宙中很小的一个小点上并释放出辐射。后来人们发现那一定是星系中心的巨大黑洞。而在我们的银河系附近没有这样的。这些类星体距离我们都很遥远，意味着它们存在于数十亿年前的宇宙，那时的宇宙肯定是另一番光景。

第三个问题也是稳恒态宇宙论无法解释的：宇宙中充斥着非常大量的氦元素。氦元素产生于闪亮恒星的"灰烬"，在恒星

类星体的辐射非常强。太空中所有天体中，它们距离我们最远，远达数十亿光年或更远

的生命历程中，氢会聚变成氦。可是太空中的大量氦不可能仅来自恒星。那么这些氦又是如何产生的呢？

你知道吗？

今天，我们所知最遥远的类星体距我们的银河系超过130亿光年。我们现在看到它所发出的光，其实在大爆炸发生几亿年之后就开始了漫长的旅程。

1950年，美国物理学家乔治·伽莫夫和他的学生们已经提出一种理论，用大爆炸来解释氦元素的来源问题：宇宙起源之初应该是一个超热的熔炉，其中的超高温只能允许最简单的基本粒子存在。在恒星出现之前，宇宙中又形成了最简单的氢元素和氦元素。在大爆炸之后的几十万年间，向四面八方都散发出了3000摄氏度的热辐射。由于140亿年以来宇宙的膨胀，从那时起的所有波也都膨胀了，包括早期辐射的能量波。根

来自热爆炸的超冷宇宙

137

据爱因斯坦的说法，随着波长变得越来越长，波的能量会减少，辐射的温度也会下降，于是到了今天，辐射温度仅比绝对零度高3摄氏度。这几乎没什么温度！绝对零度为−273.15摄氏度，此时一切都完全冻结，原子也不运动了，一切都绝对冷冻，没有比这更冷的了。

但是，"大爆炸"理论也存在一些问题，例如，它无法解释比氦重的元素——地球上，我们所知道的几乎所有元素都比氦重——在宇宙究竟是如何产生的。人们对此直接从对手的理论

你知道吗？ 稳恒态宇宙论家们曾轻蔑地把宇宙始于地狱般超高温熔炉的看法称为"Big Bang"——"大爆炸"。也许正像我们经常说的那样："你简直爆出了新闻。"他们没想到，大爆炸理论很快引爆了所有报纸。

中吸取了部分内容：重元素是宇宙中无数高温工厂，即恒星产生的。直到由氢及其"灰烬"氦聚集形成了第一批恒星，重元素才在宇宙中形成。

但在激烈的争论中，起初没有人立即想到去关联物理学家

伽莫夫所提出的宇宙辐射，这可能是大爆炸余温的直接证明。但凭宇宙只比绝对零度高3摄氏度的温度，这一点很难证明。也许正因如此，没有科学家将此研究纳入自己的研究计划。

彭齐亚斯和威尔逊当时对这场激烈的争论一无所知，他们只想研究银河系中的无线电辐射，对于宇宙起源的各种奇思怪想并不在意。而且，他们的雇主、美国最大的电话集团对此更漠不关心。

20世纪60年代，美国最大的电话集团需要通过太空中的卫星向全球传输电视信号。当时，人类发射了第一颗通信卫星，

140亿年前的大爆炸与宇宙的演变

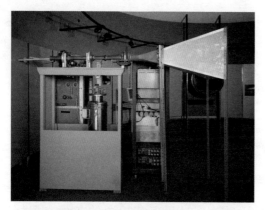

德意志博物馆中威尔逊和彭齐亚斯的测量系统——用它证明了宇宙大爆炸!

并在地面用非常灵敏的天线来接收和放大这些微弱信号。这家美国公司不信任参与项目的欧洲合作者,于是,他们在新泽西州霍姆德尔市建造了自己的超灵敏天线,以测试电视卫星信号,并雇用了彭齐亚斯和威尔逊这两名物理学家。很快,欧洲人就研发出不需要天线就能接收信号的技术,两位美国物理学家遇到迎头一击。

这下,他们就用世界上最敏感的天线来观察银河系,因为无线电辐射来自四面八方——来自地球的广播电台,还有来自银河系以外的辐射源,两位物理学家首先必须找出各种干扰源。而他们逐步排除干扰,并最终将注意力集中在目标上时,却发现了无法解释的辐射。它对应的温度比绝对零度高出约3摄氏度,并且均匀地来自各个方向,而不是来自天空的某个位置或地球上的广播电台,不管白天还是夜晚都完全一样。

两人挨个儿查找仪器上的每块金属板和螺丝钉,看看是不是哪里出了问题，然后转动每一根控制杆，一次次地爬进固定在测量系统上的大天线"耳朵"里。会不会是烦人的鸽子粪干扰了仪器？他们又小心翼翼地清理掉鸽子粪。对于鸽子来说，这是一个非常适宜的家。当"大耳朵"向各个方

向旋转时，鸟儿应该会变得头晕眼花——也许这就是它们留下大量鸽子粪便的原因。

真奇怪，无论怎么做，他们也没办法让这些解释不了的辐射消失。它们究竟来自哪里？一天，这两位科学家打电话给两位宇宙大爆炸理论的支持者，后者正准备在不远处自行建设一座天线，希望通过天线找到从理论计算得出的来自幼年宇宙的辐射，以证明宇宙大爆炸理论。这也许能问鼎诺贝尔奖！可他们与彭齐亚斯以及威尔逊通话时惊喜地发现，这两位对宇宙和大爆炸所有精彩讨论一无所知的同事，居然恰恰发现了宇宙大

爆炸的回响！他们的证据表明宇宙是在约140亿年之前，从一个巨大的火球中诞生的！

命运就是如此神奇——彭齐亚斯和威尔逊在1978年将诺贝尔奖收入囊中。事实上，这两位物理学家确实是最早与这个问题正面遭遇的人。但是，如果没有理论界同事们长期以来热情地参与介入，他们是否真会重视无法解释的"鸽子粪效应"呢？

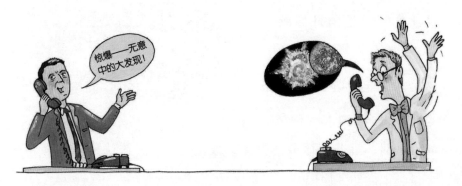

11

脉冲星：宇宙航标灯

1974年，英国科学家安东尼·休伊什因发现脉冲星而获得了诺贝尔物理学奖。但是谁承想，发现者另有其人，实际上，是年轻的科学家乔瑟琳·贝尔发现了脉冲星的痕迹。为什么乔瑟琳·贝尔没有获得1974年的诺贝尔奖呢？让我们慢慢道来。

　　恒星不仅会发出可见光，也会发出不可见光，例如红外线（即热辐射）或紫外线。太阳的紫外线会给我们的皮肤留下危险的晒斑，其波长比蓝紫色还要短一些。红外线的波长比红光更长，然后是波长更长的波，即微波，接着就是所有无线电波。微波雷达和无线电台不仅分布于地球上，也分布在太空中。宇宙中甚至有比紫外线波长短得多、危险得多的波：X射线和 γ 射线。但是，它们被地球的大气层所屏蔽，人们只有通过远在地球上方的火箭或卫星才能收集到它们。

　　还有许多来自太空的无线电波与之相反，它们不受阻碍地噼噼啪啪敲打着地球表面。假如我们通过无线电接收器接收所有这些声音，就会听到相当无聊的噪声。当接收固定的广播电台向天空发送的调制无线电信号时，噪声也会突然变得尖锐，接着变得轻微。在这期间，我们还会听到太阳和其他神秘的太空中的电波发射者发出的清晰爆发声，其中还夹杂许多脉冲星的定期蜂鸣或嗡嗡声，或者来自未知空间站的时间信号。

　　第二次世界大战之前，人们就已经发现了来自外层空间的无线电波。"二战"后，射电天文学作为一门科学而存在。人们要用尽可能大的天线，以便精确地测量出电波来自宇宙的哪个角落。人们知道得越精确，就能越快地通过光学望远镜找到这颗发出神秘无线电信号的天体。但遍布地面的广播电台干扰了这些空间信号，让新兴的射电天文学家极其烦恼。因此，他们将许多天线都建在山脉和山谷之间，在那里，地球上大杂烩般的无线电波干扰就不会那么强烈。

　　太空中也有电波大杂烩，而且也会带来干扰，特别是太阳风产生的干扰。太阳风是带电的粒子流，被高温膨胀的日冕抛射出来。它们被射入行星际空间，并在快速移动时发出电波。它们干扰了来自宇宙更深处的电波，让电波上下波动、颤动，于是太空深处的电波源会因此闪烁不定。就像我们在夜晚观察

埃菲尔山上的超大型射电望远镜模型

德国波恩附近埃菲尔山上的巨大射电望远镜今天仍然大名鼎鼎。它的大小与一座足球场一样，能向所有的侧向自由转动。埃菲尔山上的射电望远镜是当时世界第二大可转动的射电望远镜。

大气层外的星空，星星所发出的可见光也会闪烁跳动一样。空气在波动，使得天空中那些小光点，也就是星星所释放出来的光也随之一闪一闪。这种情况也完全适用于源头也是一个小点的无线电波，这成了精细测量的障碍。

可如果人们能够找到无线电波小点状的来源，也可以利用它。所有闪烁得特别强烈的，正是要寻找的电波源。人们早在1963年就已发现这样的无线电"点源"，它们被称为类星体（因成像类似恒星而得名）。它们是位于星系中心的无线电波来源，在太空中的位置遥不可及，但主要以无线电辐射的形式向宇宙中发射不可思议的巨大能量，其辐射能量是我们整个银河系的

1000倍。

1967年夏天，英国剑桥的射电天文学家想寻找更多类星体。他们设计制造了一种天线，能很好地"听到"无线电点源的闪烁。它不是单根天线，而是整座天线阵，大小相当于两个足球场。当然，人们不能像移动一台望远镜那样移动整个天线阵，但是因为地球在自转，一大片天空会从天线上方划过，过24小时，同样的天空又会再次经过。

乔瑟琳·贝尔当时只有24岁，她的博士论文就是关于用这种天线寻找新类星体的。乔瑟琳那台连接到天线的设备每天会吐出大约30米长的记录纸带，上面记录了所有监听到的信号。乔瑟琳·贝尔大约每4天就要仔细搜寻纸带上记录下来的波动曲线。其实这是一件非常烦琐的工作，如果不是因为她毫不懈怠，一点点地仔细比较所有记录内容，不放过一丝一毫的话，也许类星体的痕迹就从她眼皮子底下溜掉了。仅仅几周后，她已经非常娴熟，能快速正确地分辨所有信号，包括地面无线电大杂烩的波动干扰、来自天体的干扰，甚至类星体的闪烁。她确实找到了许多闪烁着的太空中的点源。

一天，她正细致地审视枯燥的画线消息，突然注意到天空噪声中出现了一点儿小干扰，看起来好像不是地面广播电台，也不是类星体和任何其他已知的天体信号源。这令她大吃一惊。未知噪声源的线条向上幅度更大，这与乔瑟琳·贝尔已知的来自地球的信号不同。乔瑟琳记得，这信号她只见过一次，之后再没有出现过。作为一名科学家，她的科学素养值得称道：即使发现不太重要的东西，也应该至少下意识地将它记住，没准儿它会变得异常重要。

当乔瑟琳再看到这线条时，她和主管说明了这个情况。后者惊讶不已，并告诉她无论如何都要继续研究这种奇怪的闪烁。

不过，她在几个月后才腾出时间来专门研究。在科学研究上，这也是明智做法：先完成任务，但也不要把和预期之间的微小偏差遗忘在角落。

贝尔每4天打印120米纸带

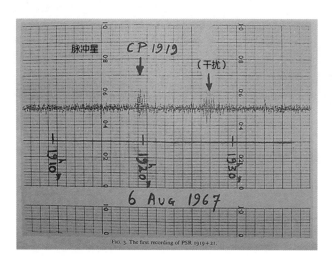

FIG. 3. The first recording of PSR 1919+21.

乔瑟琳·贝尔发现的第一个奇怪信号（CP 1919）

1967年11月，她重新搜索这种奇怪的闪烁，然后又找到了它。它显然来自外太空，因为恰好24小时之后，当同一片天空在天线阵上方划过时它又回来了。为了便于更仔细地观察信号，她必须拉开纸带上上下下起伏的线条之间的距离。原理很简单：让纸带运行更快，记录笔就能在纸带上以更远的间隔记录所有波动。

她得到了完全意想不到的发现：笔尖在纸带上不仅划出不同尖峰，即我们通过收音机听到的每个嘀嗒声，而且还记录下了每个尖峰之间的距离，这些距离简直就是踩着节拍来的——大约间隔$\frac{11}{3}$秒，始终一致。我们的广播电台可以每隔一秒就

这就是人们将绘制的曲线尽量拉开的方式

噼啪一下作为时间标记。但是，如果在遥远恒星上有一个小绿人，它们的计时单位肯定会与我们的秒不同。科学家调侃地用英语小绿人1号（Little Green Man，简称LGM 1）来命名这个神秘的来源，这当然是一个惊天猜测。每家报纸都登出醒目大标题:《来自遥远星球的智慧生物发来无线电波！》，几个小时内举世皆惊。

但是乔瑟琳·贝尔在太空中完全不同的地方发现了另外3个"时间标记"。同时冒出这么多绿色、蓝色或红色的智慧小人儿显然不太靠谱。另外，当信号来自遥远的绕各自的太阳旋转的行星时，它们的频率会随着行星轨道的变化而变化。可即便人们仔细研究这些信号，在它们身上也找不到"多普勒效应"。

那必定是一颗会有规律地发出噼啪信号的恒星。之所以称它们为脉冲星，是因为人们真的认为存在脉动着的恒星，它们几乎每秒都膨胀和收缩，同时发射出辐射信号。

根据第一次蜂鸣信号的微小变化，人们可以计算出这颗恒星直径不会大于5000千米，恒星通常比这更大。我们的太阳虽然算不上太空中的巨人，其直径已经达到140万千米。即使是当时已知

"请注意了，地球……"

的最小恒星，也就是恒星生命已经到达尽头时形成的白矮星的直径仍在10 000—20 000千米，和地球直径差不多。

小问题11　如果信号峰来自行星，那它们会发生什么样的偏移？

射电天文学家们首次在剑桥为报告这一奇特发现进行演讲时，有些人非常激动，其中也包括大爆炸理论的顽固反对者弗雷德·霍伊尔。他突然想起：早在20世纪30年代就有人猜想过可能有更小的恒星存在，它们是巨大恒星爆炸后的残余物。这期间，人们进行了计算，许多比太阳大得多的恒星在生命结束

之前经历了大爆炸，爆炸时在几周时间内发射出比整个银河系还亮的光辉。我们在地球上似乎看到了全新的恒星，即超新星。爆炸云迅速向各方扩散，而在爆炸中心，恒星物质会被极致压缩，形成半径通常为10—20千米的中子星。

你知道吗?

原子由带正电的、尺寸可小至 10^{-13} 厘米的量级的原子核和环绕在比原子核大 1000 至 10 万倍间距运行的带负电荷的电子组成。微小原子核由质子和中子组成。其中，质子带正电，顾名思义，中子是电中性的。

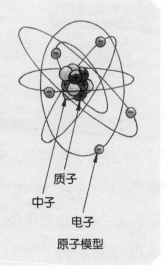

质子

中子

电子

原子模型

随后，美国人托马斯·戈尔德证实，它们确实是中子星。作为巨大爆炸的压缩残留物，它们疯狂而快速地旋转着，比如可能绕轴 $\frac{11}{3}$ 秒自转一周。就像冰上芭蕾舞者张开双臂，开始时缓慢转圈，但是当她突然将双臂向上拉起，像旋转的陀螺一样时，巨星的缓慢旋转变成压缩到10至20千米的恒星残留物的快速旋转。这种压缩的恒星残留物重得吓人，一枚顶针大小的物质的重量就相当于地球上整座山的重量（如果人们真的可以对其称重的话），连白矮星的密度也无法与之相提并论。

脉冲星的磁场每隔一定间隔就会扫过地球

此外，中子星也是块强大的磁体，磁性比地球强1万亿倍以上。巨大的磁场通过中子星的剧烈收缩而变得越发强大。在如怪兽巨口般的磁极处，电子被从中子星的表面拉出，并再次向下冲撞进磁极，被我们测量到的无线电辐射由此产生。辐射只产生于这种磁极，由于这些磁极与自转极的位置还有一定距离（地球的地理极点和磁极也相距很远），它们随着中子星快速旋转，转一周只需11/3秒甚至更快，我们今天已知最快的中子星甚至比这还要快1000倍。电波信号随着磁极旋转，并从那里被发射入太空。信号每隔很短的时间就会扫过地球一次，让乔瑟琳·贝尔的纸带记录下一个峰值。因此，脉冲星根本不单单是脉冲星，而是宇宙中的航标灯，就像我们建在海边、港口等地方的灯塔一样，让光线掠过黑暗的大海，为船舶指明方向。尽管如此，脉冲星这个名字仍然用来命名

蟹状星云中间也有脉冲星

它们。

　　两年后，天文学家在著名超新星遗迹、所谓蟹状星云的爆炸云中间发现了这样的脉冲星。它旋转一圈只需要0.03秒，在这段时间内，一名百米赛跑的世界冠军只能跑出30厘米！顺便说一句，大约1000年前，中国科学家已经观测并记录下这场恒星的超级爆炸，这就能够证明，这类星星确实是恒星爆炸的残骸，并被压缩成了密度高到难以置信的中子"灰烬"。

12

银河系的心脏
——"饥不择食"的黑洞

谁不想戴上童话里的那种魔法帽隐身呢？其实，现代物理学家正在尝试设计这样的魔法帽和魔法服，使所有光都围绕着它们小心地转向。如果能买到这样的魔法帽和魔法服，我们穿戴好后藏在房间里，人们只会"看穿"我们，来自我们身后的椅子或橱柜或图画的光会绕着我们的身体弯曲。

神奇的"魔法帽和魔法服"确实存在，可惜并不存在于地球上，它们被称为黑洞。如果我们跳进这样一个"洞"，会立马隐形，可惜将永远隐形——再也出不来了。黑洞不会把吞噬的东西再吐出来，它们是真正的怪物。

有的黑洞直径只有几千米大，但无论多么巨大的恒星，都能被这种怪物终结。今天，人们认为几乎所有星系的中心都存在着超大质量的黑洞，它们完全不可见，却能将它们附近的东西吞噬殆尽。

在银河系的正中，距离我们约26 000光年的地方就"栖息"着这样的怪物。它的直径约有1500万千米，而太阳的直径只有140万千米。事实上，尽管黑洞的直径只是我们太阳的近11倍，质量却约是太阳的400万倍。宇宙里的一切仿佛知道星系的黑洞"饥不择食"，它们聪明地与黑洞保持着距离。银河系的黑洞每隔10 000年或更长时间才能吸收另一个和太阳质量类似的天体，对于单颗小恒星或者星际气体，则是把它吸引过来，并像宇宙巨鳄一样吞噬它们。

人类是最近几年才确切知道这些的。这涉及一个特别精彩曲折的探索故事——动用了当时最大的望远镜、最好的其他天文仪器，几乎全世界的红外天文学家、射电天文学家和物理学家都参与其中。

到底什么是黑洞？其实它根本不是一个洞！

1915年，爱因斯坦提出了著名的广义相对论不久后，德国天文学家卡尔·史瓦西便算出，如果我们继续压缩太阳，将其直径从140万千米压缩到1万千米，再到1000千米，它的密度

会越来越大。最终，稀薄的等离子体变成真正坚硬的材料，太阳表面的一切事物都会越来越重。最终，当太阳直径只有3千米的时候，其表面重力将大到任何东西都无法逃离。体积很小但重力很恐怖的3千米直径的太阳会吸引一切，甚至光。那是绝对的黑暗，落在它上面和里面的一切都会永远消失。这就是黑洞这个含义的由来。

小实验

在阳光明媚的白天，在远处从敞开的小窗户往里看，窗户后面是一个大房间，也几乎是一个"黑洞"。因为你从远处看过去，会看到房间里是一片很黑的黑色。几乎所有透过窗户射入房间的光都在房间发生漫反射，很少的光会从窗户逃脱。

1967年，脉冲星被发现后，人们便开始利用计算机对其进行演算。结果证明，如果由巨大的恒星爆发产生的超新星大于3倍太阳质量时，它就可能不以中子星的形式一直存在。即使单个粒子非常小，中子彼此之间的引力也会变得很大。当中子们被挤得很近，就没有什么可以阻止这种引力了。像太阳那样的向外膨胀的热气压力，以及中子彼此之间的核力都不足以抵抗这种引力。这样的中子"灰烬"形成的星星若具有大于3捨太阳质量，中子彼此之间的距离会越来越近。是的，实际上有多近呢？

小磁铁会彼此吸引，当到达一定距离后，它们会硬生生地撞到一起。对于基本粒子而言却没有这样"坚硬"。中子的直径约为万亿分之一点几毫米，但它不是一个硬质圆球，中子本身由夸克组成。至于这种粒子……物理学家也不完全了解。总之，它们继续相互挤压，这使得恒星的残骸越来越小。

假设中子星的质量相当于4颗太阳的质量，然后，当一切拥挤到仅有12千米直径时，它就变成了黑洞。其中的粒子还在继续吸引，残骸变得越来越小，直到最终所有物理学定理都失去意义。但直径12千米的黑洞仍然存在着疯狂的引力，那正是我们将太阳压缩至直径3千米时将会发生的事情。

黑洞是真实存在的，尽管人们仍然看不到它们，一切仍然只是灰色理论。从1962年开始，天文学家首先求助于类星体。我们前面已经认识了它们，从非常遥远的星系的中心，释放出令人难以置信的强烈的光和无线电波。这些天体距离我们动辄数十亿光年，也存在了数十亿年，部分比我们自己的太阳系还更为古老。它们从狭小的空间向四面八方辐射出远远超过了我们整个壮阔的银河系的能量，令物理学家瞠目结舌。整个宇宙中没有一家能量工厂会如此神奇，除非还有一种情况：一个黑洞，即使每年只吞下一个"太阳"，也比我们银河系中可怜的黑洞多10 000倍的"食物"。这样的类星体才可以辐射出如此强大的能量。

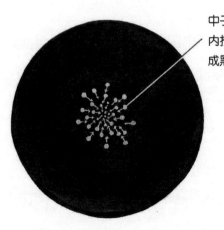

中子不断向内挤压，形成黑洞

19世纪70年代，人们发现了所谓的X射线双星。这样一对天体中的一颗是普通恒星，另一颗则不可见，但会发出X射线。对于双星，人们可以使用开普勒定律和牛顿的理论来计算每颗星的质量，知道它们之间的距离有多远，以及它们绕共同质心转圈的速度。

开饭啦！

天鹅座中就有这样一对奇异的天体，被命名为天鹅座X-1，其中一颗是巨大的蓝色恒星，大约是我们太阳的20—40倍大小，另一颗是它的隐形伙伴，至少有21倍太阳质量。——由于中子星的最大质量不超过3颗太阳质量，那么它只能是一个黑洞。黑洞怪物不断吞噬它无助的伴侣的物质，将它们吸引过来，以超高速度卷积其气体，直到气体永远消失到它深不可测的肚子里。最终消失之前，炽热的气体会绝望地发出X射线。

我们能从黑洞边缘探测到的也只有这些X射线，它们作为携带巨大能量的电磁波被辐射到太空中。到了某个时候，无助的伴侣星显然会被吸光。类星体的能量工厂大致就是如此运作的，甚至还要残酷得多。类星体毕竟在星系的中心，多是巨大的黑洞，如前所述，每年至少要吸入一颗太阳或相应质量的炽热气体。

X射线双星的黑洞让任何天文学家不再怀疑，我们银河系

的确藏有这种巨大的"怪物"。但这也不是完全理所当然的，因为我们银河系的心脏确实在微弱地发光，而且它比其他所有星系都离我们更近，相距只有26 000光年。但是它到底在哪里呢？如果它是类星体，那么我们早就可以找到这个辐射源了，它在天空中会异常明亮。可人们必须费力地搜索，因为它前面还挡着黑暗的尘埃云。

　　但是，如果人们仔细观察，会发现银河系在人马座位置有明显增厚的部分。在那里，天空中的银河系比其他地方宽了一点儿。在非洲、澳大利亚或南美，射手座位于天空很高的地方。人们向上看时会说："天哪，我看到黑洞了。"人们用望远镜可以看到恒星与暗星云距离有多么近。

银河系中心有个"电台"不断发出无线电波，电台静止不动，非常安静。例如，恒星以1000千米/秒，达到0.33%的光速在这附近穿梭，只有比这些恒星质量大很多的东西才能稳稳地位居它们中间，正像我们的大太阳在所有轻得多的行星中间稳坐不动一样。这几乎纹丝不动的星体质量至少比普通恒星大40万倍，甚至可能几百万倍，而其大小约等于地球轨道的直径，不超过3亿千米。根据无线电信号无法计算出更准确的结果。根据爱因斯坦的理论，如果这是一个黑洞，比如说大于400万倍太阳质量的黑洞，那么它的直径将达到1500万千米。

同时，人们开始把银河系中心发射出的红外辐射带进了实验室。即使通过厚厚的暗星云，辐射也至少能够被部分接收到。从1992年开始，在瑞英哈德·甘泽尔的指导下，天文学家们将工艺更加精良的红外摄像机安装在了大型望远镜上。

9年后，一台红外仪器被安置在智利的甚大望远镜（VLT）（世界上规模最大的望远镜之一，位于智利安托法加斯塔以南130千米、海拔2632米的帕拉纳尔山）上。它由4台单个口径为8.2米的主望远镜，以及4台口径为1.8米的可移动辅助望远镜组成。自1990年以来，一直环绕地球运行的哈勃空间望远镜直径为2.4米，它可以不受大气层中任何雾霾和光线的影响，而这台

8.2米望远镜上的全新红外仪器比哈勃望远镜提供的图像质量还要好得多。

甚大望远镜观测那些与黑洞相当靠近，却距离我们26 000光年的恒星，堪称超精确。如果对月球进行如此精确的观测，人们甚至能够识别月球表面的一辆汽车。2002年5月，天文学家因观测结果欣喜若狂：有一颗被他们简单命名为S2的恒星，在1992年时距离黑洞还很远。可后来，S2与这个怪物的距离越来越近，也移动得越来越快，直到它的移动速度达到了5000千

甚大望远镜的外观

米/秒（这个速度意味着只需1秒钟左右就可以从欧洲到达美国），它距黑洞只剩180亿千米，是海王星与太阳之间距离的4倍。

如果恒星S2靠怪物再近一些，就像水星和太阳的距离一样近，那它早就不存在了，黑洞的巨大吸引力会把它撕碎，再美美地吞下

甚大望远镜四台主望远镜之一

去。但S2仍然存在，这对科学家来说是意外之喜。2020年，科学家用计算机绘制出恒星的整条轨道——一个美丽的椭圆形，

在科学家眼中，这画面可能比世界上最美妙的画作还要夺目。恒星运行完整个椭圆形轨道需要15年，人们已经观测了10年。在未来的某个时刻，它将会被吞噬。

人们将计算出的恒星轨道及其运行周期代入著名的开普勒第三定律中，很快就能算出S2所围绕旋转的星体的质量：它比太阳质量的400

使用红外相机，人们可以透过挡在银河中心前面的暗星云，一直看
到黑洞（箭头）附近

万倍还大，而且集中在非常狭小的空间中。根据爱因斯坦的理论，可知其直径为约1500万千米，这数据是合理的。它不可能是扩展开来的星团，也不是重粒子构成的大型球体。太空中的第一个黑洞被揭开面纱——尽管人类还是看不见它。

一年后，人们又有了新发现：从黑洞附近释放出的红外线短暂闪烁，每次持续几分钟，每17分钟重复一次。正如人们对

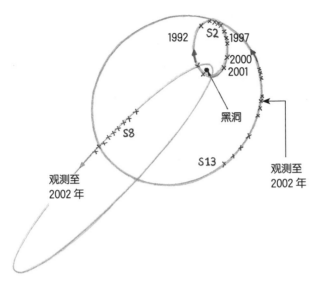

恒星围绕着我们银河系中心的黑洞画出美丽的椭圆形

天鹅座X-1早已知道的那样，这一定是气态星体的"死亡尖叫"：就在它即将坠入黑洞，永远消失之前，以极高的速度被加热并"绝望"地急速爆发。每隔17分钟重复一次，这就是黑洞正在绕自身旋转，从而撕裂气体云团的反映。

黑洞旁的气体消失之前

人们几乎每年都会发现有关这个怪物的新消息，它的"饥不择食"是如此显而易见。相信很快，不管银河"怪兽"有没有披上隐身斗篷，关于它的所有秘密都会被揭开。

小问题12 为什么甚大望远镜的4台主望远镜每副镜面直径均为8.2米，却能产生相当于16.4米的镜面的集光力？

还想知道更多？

从哪里可以买到天文望远镜？

人们在购物中心网络平台或专业店里可以直接购买天文望远镜，售价几百元。对于多数观察者而言，200元的双筒望远镜已经够用。天文望远镜不仅具有比双筒望远镜更大的放大倍率，而且还可以牢牢地固定在三脚架上。但是通过天文望远镜，人们只能看到天空的一小部分，而双筒望远镜中的视野要大得多。

知道吗？你可以自制一台简单的望远镜。在光学用品商店或互联网上买到望远镜套件和两个与伽利略使用过的相似的透镜：一个凸透镜和一个凹透镜。先用手将两片透镜放在眼前并前后移动，直到一切看起来都放大了。当然，你最好用较薄的黑色纸卷成管状来支撑镜片。25厘米焦距的凸透镜和5厘米焦距的凹透镜能提供5倍放大率，彼此之间的距离应为20厘米。

望远镜的集光力首先取决于物镜的直径。每台望远镜上都标有两个数字，例如8×50，8意味着放大8倍率，而50则指物镜的直径是50毫米。其实40毫米已经够用了，足以用来检验伽利略的发现。因此，具有决定性的是口径，即望远镜的"眼睛"有多大，有多少光通过，而不是放大倍率。

用望远镜观察到的最美丽的场景是什么？

猎户座的最佳观测日期为12月上旬至4月上旬。它出现时自东南方升起，经天顶后由西南方落下。猎户座主体由参宿四、参宿七等4颗亮星组成一个大四边形，面积为594平方度。在我国北方冬天的夜晚，如果天气晴朗，你很容易就能观察到。

当然，银河系中的许多恒星都令人难忘。随着网络技术的发展，你可以通过互联网或公共天文台找到很多关于天空的信息，比如哪天木星会高挂在夜空中。在漆黑的夜晚，它比所有恒星都要明亮得多，并且像所有其他行星一样平静地散发着光芒。

木星有至少79颗卫星，人们用双筒望远镜很容易观察到木星的4颗较大的卫星。这4颗卫星就像大头针的针尖一样，紧贴在它旁边排成一条线或左右分开。它们在进行

猎户座，在传说中是强壮的猎人。在他的左下方是他的"大狗"，也是天空中最亮的恒星——天狼星

来来回回的规则运动，时而前、时而后地环绕木星。今天，它们被称为艾欧（Io）、欧罗巴（Europa）、加尼美得（Ganymede）和卡利斯托（Callisto）。同样，金星的相位和月球山脉也值得好好观测。如果你想比伽利略看到的东西更多，也许应该买一本观星的书先学习一下。

土星周围的光环会带给人特别奇妙的太空印象。观察土星，需要一台至少具有30—40倍放大率的天文望远镜。当时，伽利略已经观察到了光环的一部分，但是没有用望远镜确认它的整体形状是环形的。今天，人们通过约50倍放大率的望远镜看到它时，发现它就像一枚小小的结婚戒指，飘浮在土星周围。

人们可以用双筒望远镜发现太阳黑子，它们通常是不规则的黑点。但是，请记住：无论有没有望远镜，都绝对不要直视太阳！你可以选择用投影法来观察太阳黑子：将阳光投射到一张纸上，遮住双筒望远镜的其中一个筒，放在椅子上，并使太阳透过望远镜投射到房间的地板上；在房间的地板和双筒望远镜的目镜之间移动一张纸，直到纸上出现清晰的图像。

什么是星座？

很久以前，人们就划分了星座，以便很好地定位星空。星座几乎是所有文明中确定天空方位的手段，在航海领域应用颇广。对星座的划分完全是人为的，不同的文明对于其划分和命名都不尽相同。星座一直没有统一规定的精确边界，直到1930年，国际天文学联合会为了统一繁杂的星座划分，用精确的边界把天空分为88个正式的星座，使天空中的每一颗恒星都属于某一特定星座。

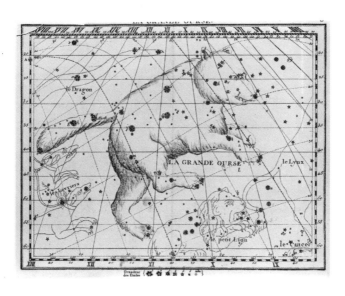

北斗星位于大熊座的后背，第二颗尾星叫开阳星

天空中的亮星

恒星的名字	与地球的距离	亮度与天狼星相比
天狼星	8.6光年	
织女星	26光年	弱4倍
参宿七	约850光年	弱4.5倍
参宿四	约600光年	弱6倍
牛郎星	约16光年	弱8倍
天津四	1740光年	弱12倍

所有这些恒星都非常明亮，但天狼星是所有恒星中最明亮的。在城市里，几乎不用望远镜，人们就能在猎户座的左下方看到它。在夏天晴朗的夜晚，人们也可以看到头顶上明亮的织女星、牛郎星和天津四。

?小问题13 所有这些恒星在我们看来似乎有的更亮，有的更暗。假如它们和我们的距离相等，一切看起来都会不同。以天狼星和天津四为例，两者中哪一个更亮？

开普勒定律是什么？

开普勒第一定律

行星不是绕圈运行，而是围绕太阳沿椭圆形轨道运行。太

阳是每条椭圆形行星轨道的
一个焦点。之所以称为焦点，
是因为所有彼此平行的光线
（如来自太阳的光线）射入椭
圆形凹面镜，都被聚集在这
个点上。我们可以想象这样
一个凹面镜是整个椭圆的一
部分。

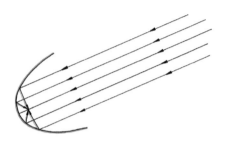

凹面镜在其焦点处聚集所有平行光的
反射光，太阳在椭圆形行星轨道中也
位于焦点上

开普勒第二定律

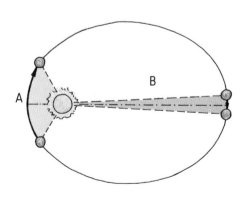

根据这一定律，行星
在离太阳近的时候运行更
快，远的时候运行更慢。
因此，我们的地球在距离
太阳较近处运行较长距离
所需时间和离太阳更远处

运行较短距离的时间一样。地球因为离太阳近时所受引力更大，运动得更快，以至于轨道上的"地球-太阳-地球"三角形区域A（左）与B（右）面积一样大。

开普勒第三定律

行星离太阳越远，公转一周所需的时间就越长。如果人们将椭圆的长半轴——我们将之命名为距离r——与其自身相乘，再与其自身相乘，再除以公转周期T的平方，那么在我们的太阳系中每颗行星都会得出相同的值——一个常数，计算如下：

$$\frac{长半轴 \times 长半轴 \times 长半轴}{公转周期 \times 公转周期} = 常数$$

$$\frac{r^3}{T^2} = 常数$$

关于这个常数，我们可以从牛顿引力定律中得到印证。

如何计算恒星的距离？

书中提到的贝塞尔的思路是正确的：找两颗看起来彼此靠近，但其中一颗其实非常遥远的恒星。因为地球在移动，导致我们对恒星的视角在偏移，近一些的恒星天鹅座61在冬季要比夏季看上去更靠近恒星a。我们也可以以完全相同的方式，让我们的手指看起来相对于房间背景在我们眼前移动，闭着一只眼睛（如同在冬季），然后睁开，接着闭着另一只眼睛时（如同在夏季），墙上的钉子就像贝塞尔的钉子星a。天鹅座61相对于钉子星a的位移被测量为角度1和2。我们将两个角度相加，得到恒星的"视差"P。

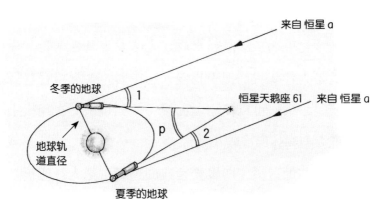

地球轨道直径 ÷ 天鹅座61距离 = P的正弦

从这个视差角P和地球轨道的直径，我们可以得出三角形：冬季的地球–夏季的地球–恒星，而恒星的距离R就很容易计算出来了。地球轨道直径与距离之比称为角度P的"正弦"（这很简单，因为该角度很小）。现在，每台计算器上都能使用"sin"键来计算此类正弦值。可在计算器中计算出 $\frac{1}{6000}$ 度的正弦值为0.0000029，如果将地球轨道直径除以该数，得出天鹅座61的距离为：2.99亿千米除以0.0000029，结果是超过100万亿千米，大约11光年。

所以，即使以光速行驶，我们也要花将近11年的时间才能到达天鹅座61这颗星。

光的折射和色散

当光穿过玻璃、水晶或水时，光会发生路径偏转，称为折射。这就是为什么我们把手指浸入水中时，会觉得它弯折了一点儿。于是，人们可以使用曲面镜（例如镜头）在相机中"用魔法"把大型物体照成较小图像。

向外弯曲的透镜（即聚光镜或凸透镜）把光线弯折，可以生成缩小的图像，该图像上下颠倒。如果人们用第二个镜头看这张照片，可以将之再次放大。如果第二个镜头是另一个凸透镜，则图像会继续颠倒；如果使用的是向内弯曲的凹透镜，则图像将再次翻转。望远镜就是这样发明的。但是，光通过不同类型的玻璃，其偏折程度会有所不同。介质（例如望远镜的透镜）中光的折射程度称为折射率。阳光中的每种色光折射率都不同，这也意味着阳光在通过镜头后不会继续发白光，它的各种色光发生不同程度地偏折，这就是光的色散。

在阳光下手持凸透镜，在焦点的前后移动一张纸。你会看到因纸张与焦点的距离不同，光斑的边缘会呈现红色、黄色、蓝色等颜色。它们还会使图片模糊，人们通过照相机或望远镜拍摄图像时，并不希望有这种边框，因此要用到两个或两个以上具有不同折射系数的玻璃镜片，以获得清晰的彩色图像。几个玻璃透镜形成的这种组合称为消色差物镜。

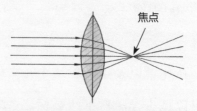

焦点

向外弯曲（凸）的玻璃透镜可将所有太阳光聚集在它的焦点上

什么是光谱？

"光谱"一词源于拉丁语词汇，意思相当于"幻影、幽灵"。物理学家将此定义理解为"光分解成的不同色带"。人们只能看到太阳光谱中从红色到紫色的色光，而看不到太阳的红外辐射和紫外辐射（我们正是因此被晒黑的）。今天，我们知道所有这些色光都是电磁波，可以在整个宇宙中传播。还有比红外线的波长长得多的波：微波、无线电短波、无线电中波、无线电长波。当然也有比紫外线波长短得多的电磁波。波长越短，能量越高。

在威廉·赫歇尔发现红外线一年后，德国物理学家和化学家约翰·威廉·里特发现了紫外线。里特假设，如果光谱的一侧有红外线，那么另一侧也必定会有些什么，于是他发现了紫外线。当他把银盐层放在光谱的紫色端，银盐层变黑了。那时他距离发明摄影技术仅一步之遥！比紫外线波长更短的波是在大约100年前才被发现的——来自太空的X射线和γ射线向我们报告了太空中巨大的爆炸和巨大的磁场信息。

在化学以及工业领域中，人们都要用到光谱法。例如，人们可以调查出哪些射线被污染的空气吞噬，哪些可以通过，以及了解空气中飘浮着哪些有害物质。

什么是星系？

星系是几亿颗乃至上万亿颗恒星以及星际物质所构成的庞大天体系统。距离我们最近的星系是大、小麦哲伦云，距地球仅16万光年和19万光年，在南半球黑暗的天空甚至用肉眼也能看到它们。它们是很小的星系，一个离我们远

这张图里几乎所有的光点都不是恒星，而是星系

去，另一个正冲我们飞来。仙女星系距离我们220万光年，但也正朝着我们冲过来。它们都是我们本星系群的一部分。

哈勃定律

光是电磁波。当光源远离观测者时，接收到的光波频率比其固有频率低，即向红端偏移，这种现象称为红移。当光源接近观测者时，接收到的光波频率增高，相当于向蓝端偏移，称为蓝移。

哈勃发现，来自星系的光谱呈现某种系统性的红移，可知星系正在远离我们。将星系中特定元素原子的光谱与地球上实验室内同种元素原子的光谱进行比较，可以确定光源正在以多大的速度退行。离我们越远的星系退行速度越快，而且两者之间存在线性关系，即$V = H \times D$（其中H是哈勃常数），这个关系称为哈勃定律。

哈勃定律的伟大意义，不仅在于它证实了宇宙的膨胀，还提供了一种估算天体运行速度和宇宙年龄的手段。

什么是类星体？

类星体是活动性最强、谱线红移最大的一类活动星系核，因成像类似恒星而得名，与脉冲星、宇宙背景辐射和星际有机分子并称为20世纪60年代天文学四大发现。类星体于1963年被发现时，人们在其光谱范围内发现没人能解释的暗线，它们看起来与恒星或星系中已知的任何其他线条都非常不同。

然而，一年后人们发现这些线是普遍存在的，许多恒星或星际云中都有它们。它们是元素氢的谱线，但已发生强烈的红移，以至于没人能想到它们是氢谱线。因此，由宇宙红移引出的这个罕见的事物肯定距离我们非常遥远，还意味着巨大的空间扩展速度超过光速的90%。今天我们所知道的最遥远的类星体和我们的距离远得令人难以想象，它们也是我们所知道的宇宙中最古老、最遥远的天体。

为什么透过如此遥远的距离，我们仍然可以看到它们？它们必定是宇宙青春期诞生的星系的超亮辐射中心，这些星系中心的巨大黑洞会吞噬周围的所有物质，被吞噬的物质在永远消失于黑洞之前会发出强烈的辐射。

室女座的类星体3C 273是天空中最亮的类星体之一。1963年，人们首次发现这个星系之核的遥远距离和巨大速度。今天，它已经被认为在距我们只有22亿光年之处。

黑　洞

　　黑洞根本不是一个洞。著名天体物理学家史蒂芬·霍金曾计算过，黑洞也有辐射，但这种辐射很弱。因此，它们发出的辐射被称为"霍金辐射"，也叫黑洞辐射。但是，还没有任何人观察到它。

　　假设我们让一个黑洞彻底饿坏，不再能吞噬到一点点星星或气体，把这种微弱的霍金辐射彻底消耗完，这也将花费很长时间。例如，假设我们的太阳作为一个黑洞，将生存 2×10^{67} 年！这是一个1后面跟着67个零的数，黑洞将是我们宇宙中寿命最长的长者。

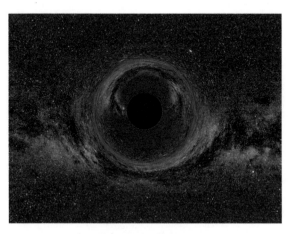

黑洞扭曲了星星的背景

宇宙空间中可能有无数微小的黑洞。但是，在银河系中心，也有质量超过400万颗太阳的黑洞。在类星体的中心，有质量多达10亿颗太阳质量的黑洞。

我们的宇宙来自大爆炸

我们无法精确地知道宇宙诞生之初到底发生了什么，时间和空间如何在一个巨大的爆炸中同时产生，宇宙物理学中也没有"此前"的概念。在大爆炸之后无比炽热的混乱中，夸克、电子及其反粒子出现了。夸克是组成原子中较重的部分，即质子和中子的粒子。所有反粒子都等于其粒子，只是它们具有相反的电荷。例如，电子带负电，反粒子称为正电子，带正电。

反粒子和粒子相互碰撞、湮灭，并释放纯能量。这对我们今天的世界可是万幸：普通的物质从一开始就稍多一点儿。在相互厮杀中这一点点幸存，是初始物质的十亿分之一。但这足够了。然后，突然之间，在大爆炸之后的几十万年里，温度降到了3000摄氏度（对我们来说依然炽热无比）。此时，较重的原子核，如带正电的质子能够捕获飞行减慢的带负电荷的电子，从而产生了中性元素氢和氦。在此之前，所有辐射都在炽热的宇宙中反复地在带电的质子和电子之间散射，无法逃逸，就像充斥着香烟烟雾的房间一样。宇宙是不能通透的，就像我们的吸烟室一样。而且，所有射线都被散射，就像房间中的灯光一般，来回反复散射。

此时，氢和氦无法再阻止3000摄氏度射线的外溢，它将不停扩张，其间伴随着宇宙的不断扩展，以及第一个类星体的出现，最终形成了普通星系。大爆炸的余温冷却到只比−273.15摄氏度的绝对零度高出约3摄氏度，这一切直到1965年才被发现。

同时，人们甚至还发现该辐射并不是在宇宙中所有地方都具有完全相同的温度，它随位置的不同而有些许不同，具体取决于人们正在接收的宇宙方向。也就是说，在整个宇宙的婴儿期一定有相对较密集和较稀疏的点，从密集区域可能发展出星系和恒星。2006年，大爆炸的余温中微小的温度波动的发现产生了一个诺贝尔奖！

答　案

小问题1

地球就在太阳和月亮之间。实验：将乒乓球保持在距灯约60厘米处，把你的头部当作地球放在中间。如果你的头部没有恰好处于连线正中的位置，小球也会像我们的满月一样被完全照亮——反之就形成月食。

小问题2

在高山上，人的体重其实更轻一些。如果一座山高约3千米，那么你现在就在距离地球中心6374千米之外，而不是6371千米处，重力就减小了约千分之零点五，如1与比率6.3712/6.3742的差所示。因此，你的重量减轻了50克。此外，因为地球旋转，在6374千米高处，离心运动效应更明显，这也会使你的体重更轻一些。

小问题3

当天气很热时，空气有时会在沥青道路上抖动。这时，如果你透过抖动的空气看过去，遥远的山脉、房屋或树木都会变得影影绰绰。

小问题4

因为太阳光中的红色和黄色光更多，蓝色光更少。因此，蓝色的花朵无法将太多的蓝光反射到我们的眼睛。

小问题5

放在阳光或灯光下的CD盘可以展示出美丽的光谱。在这里，光线不会被折射，而是以不同方式投射到光盘的细小凹槽中。色带中的某些颜色被放大，而另一些则消失，你可以看到各种残留下来的颜色。

小问题6

当两个音的振动频率之比为1:2的时候，听起来会非常相似，就好像一个音一样，我们称之为八度音。那么由标准音高升高一个八度音，音高翻倍，音波振动的频率为880次。

小问题7

它以葡萄牙航海家麦哲伦的名字命名，麦哲伦于1520年在南美洲看到它们，并首次作精确描述。

小问题8

织女星是A型恒星：7条黑色粗线的顺序表示那里有很多氢。而太阳有在黄色区域的表示钠元素的较弱谱线，它是G型恒星。

小问题9

地球上方的导航卫星具有约10 000千米/时的高速度，尽管距离光速还很远，但是全球定位系统的高精度使之必须考虑到狭义相对论的影响。

小问题10

肯定是现在的3倍（如果你之前的尺寸估计是合理的），因为你和它的距离是你想象的3倍远。

小问题11

如果行星像地球一样在一年内绕恒星公转，则该信号峰将必定在半年后先向左偏移，而再过半年后再向右偏移，这取决于它是向我们飞来，还是远离我们。

小问题12

其决定性因素是有多大镜面可以用于接收星光。一面直径 8.2米的反射镜面积大约为53平方米，4面镜子约212平方米。这相当于单个16.4米直径的镜子。

小问题13

天津四的实际亮度约为天狼星的3366倍！听起来太不可思议了。从地球上看，天津四的亮度为天狼星的 $\frac{1}{12}$，但远了201倍。当我们让它越来越近时，它对我们总是显得更明亮更大。最终，当天津四与天狼星的距离相同时，其亮度将增加 201×201 倍。而 $201 \times 201 \div 12$ 的结果刚好超过3366。